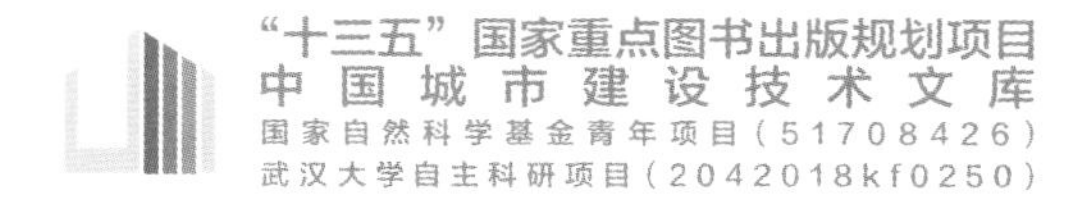

Urban Waterfront Landscape Planning and Design

城市滨水景观规划设计

周燕 杨麟 王雪原 殷晓骏 著

華中科技大學出版社
http://www.hustp.com
中国 · 武汉

图书在版编目(CIP)数据

城市滨水景观规划设计/周燕等著. —武汉：华中科技大学出版社，2020.10(2024.2重印)
(中国城市建设技术文库)
ISBN 978-7-5680-6552-8

Ⅰ.①城…　Ⅱ.①周…　Ⅲ.①城市-理水(园林)-景观设计　Ⅳ.①TU986.4

中国版本图书馆CIP数据核字(2020)第156566号

城市滨水景观规划设计　　　周燕　杨　麟　王雪原　殷晓骏　著
Chengshi Binshui Jingguan Guihua Sheji

策划编辑：易彩萍
责任编辑：易彩萍
封面设计：王　娜
责任校对：李　琴
责任监印：朱　玢
出版发行：华中科技大学出版社(中国·武汉)　　电话：(027)81321913
　　　　　武汉市东湖新技术开发区华工科技园　　邮编：430223
录　　排：华中科技大学惠友文印中心
印　　刷：武汉邮科印务有限公司
开　　本：710mm×1000mm　1/16
印　　张：15
字　　数：227千字
版　　次：2024年2月第1版第3次印刷
定　　价：98.00元

本书得到以下3个基金项目的支持：

（1）响应城市内涝机制的减灾型景观地形设计与量化调控方法研究（2017年国家自然科学基金青年项目，项目批准号：51708426）；

（2）雨洪安全视角下的城市水生态基础设施集水潜力研究——以武汉市大东湖片区为例（中央高校基本科研业务费专项，2018年武汉大学自主科研项目，项目批准号：2042018kf0250）；

（3）健康城市导向的绿色空间布局与景观特征前沿研究（中央高校基本科研业务费专项资金项目，2020年武汉大学海外人文社会科学研究前沿追踪项目，项目批准号：2020HW007）。

作者简介 | About the Author

周燕

周燕，1980 年生，湖北咸宁人，武汉大学城市设计学院城乡规划学系副教授，硕士生导师，武汉大学珞珈生态景观研究中心负责人，主要从事城乡生态规划设计研究。现任国际景观设计师联盟 IFLA 亚太区气候变化工作组成员、中国风景园林学会文化景观委员会委员、湖北省城乡规划专家库专家、湖北省风景园林学会专业教育委员会副秘书长。2010 年毕业于华中科技大学城市规划与设计系，并于 2010 年起任职于武汉大学。2011 年赴美国缅因大学、2019 年赴美国华盛顿大学做访问学者。

长期关注景观生态规划原理与方法、河流生态修复、湿地生态规划、河岸带景观规划设计、城市雨洪管理等研究领域。一方面，积极地从理论层面探索景观水文、水环境生态规划的基本方法论；另一方面也在实践项目中运用方法论，探索理论的可行性验证与反馈调试。目前，主持和参加的国家自然科学基金项目有 3 项，各类社会横向科研项目 11 项，发表论文 30 余篇，承担了 30 余个实践项目。

前　　言

从工业时代到信息时代，各类产业迅速发展，人类对自然环境的改变速度比任何时候都要快，经济与科技的发展同时伴随着资源的匮乏与环境的衰退，人类逐渐意识到经济的发展要建立在尊重环境的基础之上。而景观设计这一门新兴的学科，其研究内容处于人与自然交接带的敏感位置上。

1969 年，麦克哈格的《设计结合自然》一书，揭开了景观生态学的序幕，代表着景观设计进入了新时代。21 世纪的景观设计，既通过对场地特质的回应来体现人在自然方面的价值观念，又通过对使用者需求的满足方式来表达人对自己的态度。“生态底线”要求设计重视环境本身的可持续发展，“以人为本”要求设计回归对当代人生活需求的关注。滨水景观是景观设计中至关重要的一部分，水域与陆域的交接处为人们带来丰富的景观体验，但存在极高的敏感性。

当下的滨水景观类书籍，一部分注重案例的解析，以大量的案例来展现滨水景观设计的多样性，另一部分试图总结普适性的滨水景观设计流程，从调研分析到方案的推敲与构建，再到最后的深化与表达。前者利于初学者快速了解滨水景观的设计内容，但缺乏系统地总结滨水景观的设计原理与设计理念。后者符合当代中国工业化快速发展的现实，虽可流程化快速地做出完整的滨水景观设计，但无法兼顾滨水景观的差异性和多样性所带来的设计可能。因此，本书期望能够为上述问题做出回应，这也是编撰本书的初衷。

本书主要面向从事或学习滨水景观规划设计的设计师或学生，主要内容包括三个部分。

第一部分提供不同滨水景观的规划设计原理，包括滨海景观、滨河景观与滨湖景观三种类型，从城市与水域空间关系的角度来辨析滨海景观、滨河景观与滨湖景观的差异性，并分别提出符合不同水域特征及生态过程的设计方法。

第二部分总结了当前滨水景观规划设计的导则，包括设计要点及设计理念。其设计要点包括活动多样性、场地可达性、场地弹性、景观动态、景观美学、场所精神、生态恢复、生境多样性、可持续性、文化体现、经济效益、活动公平性等。我们将其分门别类地进行概念归纳并总结设计策略，并结合案例详细阐述。

基于不同的学科视角和发展背景，研究者提出了很多滨水空间景观规划设计的观点与理念，这些理念来自不同的专家学者、设计单位、政府机构和其他滨水空间规划设计相关方的研究和实践。在这一部分中我们总结了绿色基础设施、低成本原则、经营性开发、公众参与、最小干扰、与洪水为友、生产性景观、公共健康、多学科技术支持、空间构成原则、LID 原则、景观生态学等理念，并分别从时代背景、解决问题、应用范围三个角度来进行总结归纳。

第三部分分析了若干个具有代表性的滨水景观规划设计案例。

本书强调尊重滨水景观的地域性和使用人群的差异性，意在提供较为全面的且具有普适性的滨水景观规划设计原理、要点热点与理念，以期读者在未来的滨水景观规划设计中，能够因地制宜地寻找设计切入点，在解决当下人们最关注、最迫切的问题的同时，尊重场地的特质。

目　　录

第一篇　滨水景观规划设计原理

第二篇　滨水景观规划设计导则

第一篇

滨水景观规划设计原理

日月经天

江河行地

太阳和月亮每天经过天空，江河流经大地，自然伟大而永恒。人是万物之灵，应当尊重自然原有的规律。

滨水空间塑造了不同的边缘空间，也孕育了不同的场所文化。因此在进行不同的滨水空间设计时，首先应确定边缘空间所属类型。熟知不同特质背后所蕴含的原理机制，这是滨水景观规划设计从业者应掌握的基础知识。

本篇将从城市与水域的空间关系角度来辨析滨海景观、滨河景观、滨湖景观的差异性。

海洋是地球上最广阔的水体，海洋的中心称作洋，边缘称作海。地球上的海洋面积远远大于陆地面积，而一个城市与海洋的关系从体量上看可以用点与面来形容。海与城市交接的地方一般为城市的边缘，强烈的"边缘效应"造就了其区别于滨河与滨湖空间的独特景观特征。

日月经天，江河行地，人们借江河流经大地来比喻事物的永恒与伟大。自然孕育了河流，河流又哺育了城市，城或沿河而建，或跨河而生。河流消落的过程与城市发展过程共同作用形成如今的城市滨水空间。

城市依湖而兴，拥湖而美，因湖而名。湖泊已成为城市生命力的美好象征和城市形象的重要标志。与河流与海洋不同，湖泊很“小”，小到被城市包裹环绕。湖泊是大自然赠予城市的明珠，是城市人的一座座心灵栖园，是城市人的一处处梦乡。

自然开放空间对城市、环境的调节作用越来越重要。营造滨水城市景观，要充分利用自然资源，将人工建造的环境与当地不同类型的水域空间融为一体，增强人与自然的亲密性，形成一个科学、合理和健康的城市格局。

第一章　滨 海 景 观

第一节　滨海景观视角下海岸相关内容

在做滨海景观设计之前，我们有必要了解海的相关知识。这一方面是为了更好地认识滨海地带的特点，理解相关概念的界定；另一方面有助于我们把握各类景观要素，为后续的景观设计打下知识基础。

首先，我们必须明确海和海洋是两个概念，这里所说的滨海指的是前者。海是海洋的边缘部分，深度较浅，一般在2000米之内，约占海洋总面积的11%。

海，涉及海洋学、海洋水文学等方面的知识，内容十分丰富。因此，这里梳理的相关知识仅仅针对滨海景观设计而言。基于滨海景观的视角，将海的相关知识分为海水、海岸、岛屿以及自然灾害几大类。

一、海水

1. 海水水文要素

海水水文要素包括海水的化学成分、温度、盐度、密度、透明度、水色、海冰、海岸泥沙等。

2. 海水运动形式

海水的运动形式主要有波浪、海流、潮汐三大类，滨海地带是在三者的共同作用下形成的。

（1）波浪

在力的作用下，水的质点发生周期性振动，并向一定方向传播，这种运动称为波浪（图1-1）。

波浪按成因可分为风浪（在风力作用下产生，风速越大，能量越大）、海啸(由海底地震、火山爆发或风暴引起,破坏力巨大)、气压波(由气压突变引起)、潮波(由引潮力引起)、船行波(由船行作用产生)。

(2) 海流

海洋中的海水,常年比较稳定地沿着一定方向作大规模的流动,这一现象叫做海流,又叫洋流(图 1-2)。

图 1-1 波浪

图 1-2 海流

海流按成因可分为风海流、密度流和补偿流。风海流是因盛行风吹拂海面,推动海洋水随风漂流,并使上层海水带动下层海水,形成规模很大的海流。密度流是由于各海域海水的温度、盐度不同,引起海水密度的差异,导致海水流动的海流。补偿流是由于风力和密度差异所形成的洋流,海水流出的海区海水减少,由于海水连续性要求,补偿流失,相邻海区的海水便会流入补充。

海流按性质又可分为暖流和寒流。

(3) 潮汐

潮汐现象是指海水在天体(主要是月球和太阳)引潮力作用下所产生的周期性运动,习惯上将海面垂直向的涨落称为潮汐(图 1-3),将海水在水平方向的流动称为潮流。

如图 1-4 所示,涨潮时潮位不断增高,达到一定的高度以后,潮位在短时间内不涨也不退,可称为平潮。平潮的中间时刻称为高潮时。平潮过后,潮位开始下降。当潮位退到最低位的时候,与平潮情况类似,潮位不退不涨,这种现象叫做停潮。停潮的中间时刻称为低潮时。从低潮时到高潮时的时间间隔叫做涨潮时。从高潮时到低潮时的时间间隔则称为落潮时。海面上

图 1-3 潮汐

涨到最高位置时的高度称为高潮高。所对应的水平线称为高潮线。海面下降到最低位置时的高度称为低潮高。所对应的水平线称为低潮线。相邻的高潮高与低潮高之差称为潮差。潮差大的叫大潮,潮差小的叫小潮。

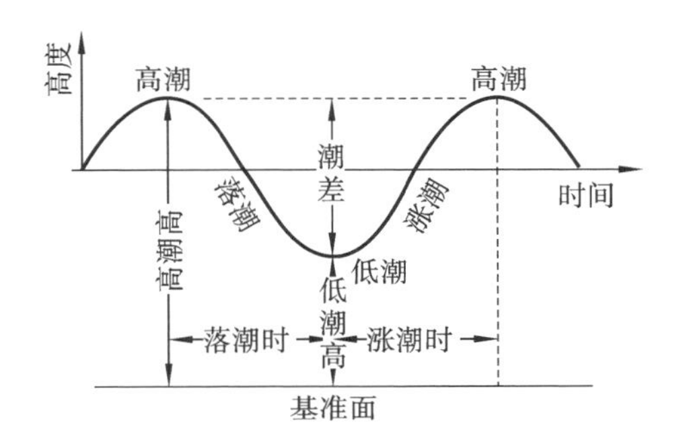

图 1-4 潮汐示意图

大潮和小潮是由太阳、地球、月球三者的位置关系决定的。潮汐在一个月中有两次大潮和两次小潮。当三者处于同一直线上的时候,也就是月相表现为朔(初一,全部不见)或望(十五,满月)的时候,引潮力和离心力最大,为大潮;三者处于一个直角关系的时候,月相表现为上弦(初七,半月,西方亮)或下弦(二十二,半月,东方亮)的时候引潮力和离心力最小,为小潮。

二、海岸

广义上的海岸是指海洋和陆地的交接地带。根据基质的不同,海岸可分为基岩海岸、砂(砾)质海岸、淤泥质海岸以及生物海岸。生物海岸又可分

为红树林海岸和珊瑚礁海岸。海岸的分类详见表 1-1。

表 1-1　海岸据基质不同分类

类　　型		说　　明
基岩海岸		多由花岗岩、玄武岩、石英岩、石灰岩等坚硬岩石构成，主要由地质构造活动及波浪作用形成，特征为地势陡峭、岸线曲折，常有海岬突出，往往形成优良港湾和具有观光价值的神韵石景(图 1-5)
砂(砾)质海岸		砂(砾)质海岸又称堆积海岸，通常是由松散的细砂(图 1-6)、粉砂或砂石(图 1-7)组成，因海浪的堆积作用形成。砂(砾)海岸的岸线较直，海滩宽长，具有合适气候条件的砂质海岸可以发展度假旅游，或开辟盐田
淤泥质海岸		一般分布在大平原边缘，又称平原海岸，沿岸有入海河流，海岸物质多是粉沙和淤泥，海岸修直，岸滩平缓，海岸地区土地肥沃。我国淤泥质海岸约占大陆海岸的 22%，是重要的粮食生产基地(图 1-8)
生物海岸	红树林海岸	由热带与亚热带的红树科植物与淤泥质潮滩组合而成。红树林是生长在热带、亚热带海水中的森林，是海岸及河口潮间带特有的植被。比如海南省的木榄、海莲、角果木、秋茄、桐花树、白骨埌、海桑等。蔚为壮观的红树林海岸不仅是海岸的绿色屏障，还是多种海洋生物繁衍生长的好地方(图 1-9)
	珊瑚礁海岸	珊瑚不是植物，而是一种叫珊瑚虫的微小腔肠动物。珊瑚虫像个肉质小口袋，口袋顶部有口，口的周围长满有绒毛的触手。当珊瑚虫死亡之后，其骨骼遗骸聚集起来，其后代又在遗骸上繁殖，如此长期积累就形成珊瑚礁海岸，其形态在所有热带海岸中别具一格(图 1-10)

图 1-5　基岩海岸

图 1-6　砂质海岸

图 1-7　砾质海岸

图 1-8　淤泥质海岸

图 1-9　红树林海岸

图 1-10　珊瑚礁海岸

海岸根据岸线形态的不同又可分为直线型海岸、凹型海岸、凸型海岸以及多湾型海岸(图 1-11),详见表 1-2。

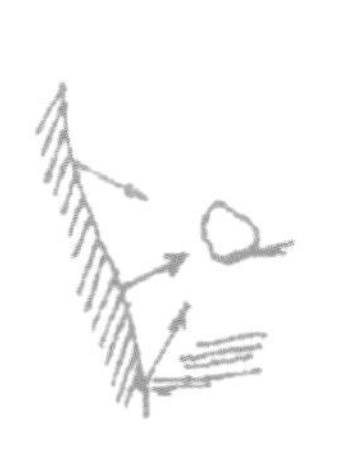

直线型海岸

凹型海岸

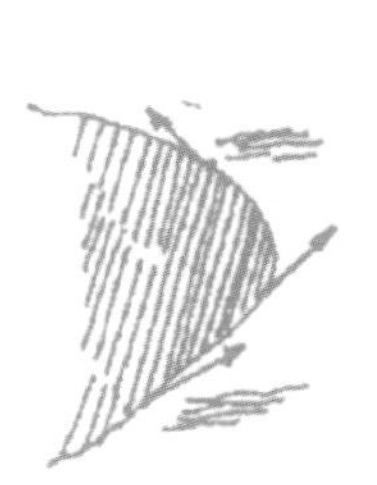

凸型海岸

多湾型海岸

图 1-11　海岸形态

表 1-2　海岸根据岸线形态的不同分类

<table>
<tr><th colspan="2">分　类</th><th>说　明</th></tr>
<tr><td colspan="2">直线型海岸</td><td>平直单调，空间感差，大多数的城市填海区属于这种岸线类型</td></tr>
<tr><td rowspan="2">凹型海岸</td><td>内湾型海岸</td><td>空间内收，空间感极强，沿岸线行进可以欣赏到完整的近海景观</td></tr>
<tr><td>外湾型海岸</td><td>开敞或半开敞的海湾，岸线弯曲有变化，在岸线的不同位置，观赏者会有不同的视觉感受</td></tr>
<tr><td colspan="2">凸型海岸</td><td>沿凸型海岸岸线行进，向海侧空间和视野十分开阔，海面风光一览无余，但所能看到的景色较为单调</td></tr>
<tr><td colspan="2">多湾型海岸</td><td>前三者的结合，岸线形态变化多样</td></tr>
</table>

三、岛屿

岛屿是指散布在海洋、江河或湖泊中四面环水、高潮时露出水面而自然形成的陆地。

根据自然形成方式，岛屿可分为大陆岛（图 1-12）、海洋岛（图 1-13 及图 1-14）以及沉积岛（图 1-15），详见表 1-3。根据岛屿形态、数量及分布特点，可分为孤立的岛屿、半岛和群岛。

图 1-12　大陆岛

图 1-13　火山岛

图 1-14　珊瑚岛

图 1-15　沉积岛

表 1-3　岛屿根据自然形成方式分类

分　类		说　明
大陆岛		原为大陆一部分，有的因长期遭受海浪侵蚀，一部分海陆脱离大陆而成为海岛；有的因地壳运动，使局部地区沉没于海水中，形成海峡，造成局部陆地与大陆分离，形成海岛
海洋岛	火山岛	由火山喷发而形成的岛
	珊瑚岛	由珊瑚虫石灰质骨骼堆积起来形成的岛

四、自然灾害

1. 台风

台风是一种破坏力巨大的热带气旋。风力低于 8 级的热带气旋称为热带低压，风力在 8～9 级的热带气旋称为热带风暴，风力在 10～11 级的热带气旋称为强热带风暴；12 级以上的热带气旋（即每秒 32.6 米以上）称为台风。它是滨海地区常见的一种自然灾害。台风强大的破坏性会对滨海地带造成重创，并且台风是无法阻止的，只能通过预防来降低灾害程度。在进行滨海景观设计时，应考虑这一自然灾害的影响，并且适当做一些防御性设计。

2. 风暴潮

风暴潮是指强风或气压骤变等强烈天气系统对海面的作用而导致水

位急剧升降的现象。与风暴潮相伴的是狂风巨浪，可引起水位暴涨、堤岸决口、船舶倾覆、农田受淹、房屋被毁等后果。风暴潮灾害的轻重，还取决于受灾地区的地理位置、海岸形状和海底地形、社会及经济情况。一般来说，地理位置面对海上大风袭击、海岸形状呈喇叭口、海底地形较平缓、人口密度大、经济发达的地区，风暴潮灾害较为严重。因此，在进行滨海景观带设计时，重要的节点设施选址应该避开这些区域，避免受到风暴潮威胁。

3. 海啸、海底地震

海啸是一种具有强大破坏力的海浪，是由水下地震、火山爆发、水下塌陷或滑坡所激起的巨浪。目前，人类对地震、火山、海啸等突如其来的灾变，只能通过预测、观察来预防或减少其所造成的损失，不能阻止这些灾害发生。

4. 赤潮

赤潮是指海洋浮游生物在一定条件下暴发性繁殖引起海水变色的现象，是一种海洋污染现象。赤潮大多数发生在内海、河口、港湾或有上升流的水域，尤其是暖流内湾水域。赤潮的颜色是由形成赤潮后占优势的浮游生物的色素决定的。如夜光藻形成的赤潮呈红色，而绿色鞭毛藻大量繁殖时呈绿色，硅藻往往呈褐色。赤潮实际上是各种色潮的统称。

赤潮既是一种海洋污染现象，但同时因其独特的颜色，也可作为海洋污染景观来设计。

第二节　滨海景观的范围界定

关于滨海景观，涉及海岸带、海岸线以及城市滨海景观带的概念。在这里，有必要对这几个概念做一个明确的辨析，以便清晰地界定滨海景观的范围，也能让读者清楚在怎样一个范围内做滨海景观的规划与设计，以及这个范围由哪些要素构成。

一、海岸带

海岸带是海洋学中的一个概念，它是指海陆交互作用的地带。它由海

岸、海滩、水下岸坡三部分组成。海岸是高潮线以上狭窄的陆上地带，大部分时间裸露于海面之上，仅在特大高潮或暴风浪时才被淹没，又称潮上带。海滩是高潮和低潮之间的地带，高潮时被水淹没，低潮时露出水面，又称潮间带。水下岸坡是低潮线以下直到波浪作用所能到达的海底部分，又称潮下带，其下限相当于 1/2 波长的水深处，通常深 10～20 m。

二、海岸线

对于海岸线的定义，不同的学科有不同的解释。从地理角度来看，海岸线是指海水面与陆地接触的分界线。从规划角度来看，岸线利用规划中的岸线是一个空间概念，包括一定范围的水域和陆域，是水域和陆域的结合地带。张谦益认为，海岸线陆域界限一般以滨海大道为界，海域界限一般以低潮线向外平均伸展 500 m 等距线为界。

三、城市滨海景观带

城市滨海景观带是规划学中的一个概念，它是指城市临海的、海陆相互作用而产生的具有一定景观价值的带状区域。其范围一般以滨海大道为基准线，向陆侧包括与滨海大道相连(邻)的开放空间及特色街区，陆域向海侧包括滨海大道与低潮线之间的陆域、近海及对景观有一定影响的近海岛屿(图 1-16)。

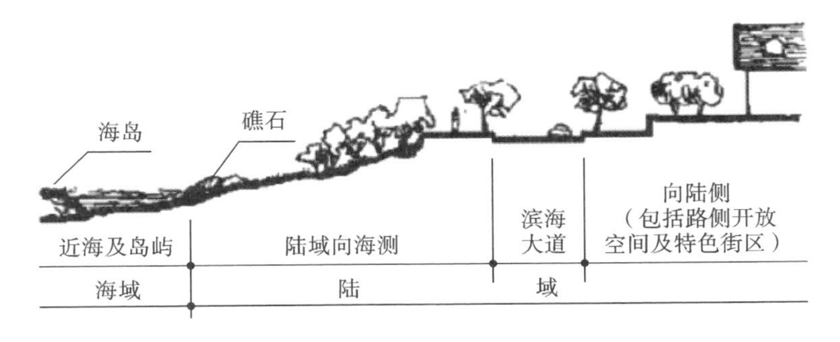

图 1-16 滨海景观带的组成

四、海岸带、海岸线以及城市滨海景观带三者之间的关系

从以上分析可以看出，海岸带的范围最大，包括海岸线和滨海景观带。滨海景观带与海岸线之间存在空间上的交叉，关系如图1-17所示。

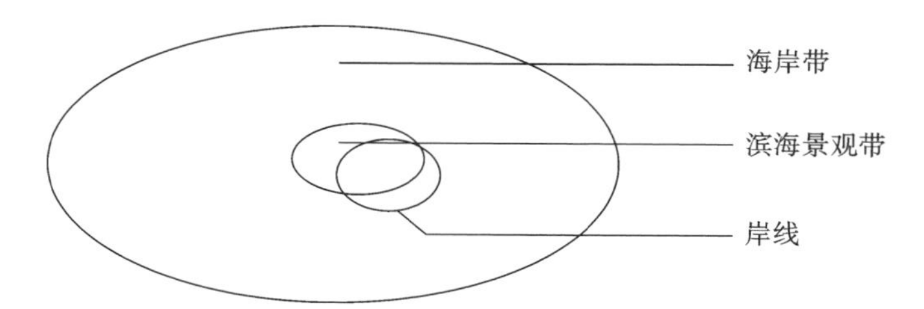

图1-17　海岸带、岸线以及滨海景观带的关系

五、滨海景观范围界定

基于以上概念的辨析，可以明确，本书所指的滨海景观的规划及设计范围即滨海景观带的范围，从海洋学的角度来看，它包括一部分潮下带、全部潮间带以及一部分潮上带。由于海岸线是在潮间带以内波动，所以滨海景观的规划与设计还应包括海岸线的规划及设计。

第三节　滨海景观规划

基于前文所提到的滨海景观所面临的一些普适性问题，其中有一些问题可以通过规划的手段来改善，比如岸线不合理利用、滨海景观带特色丧失、旅游资源空间布局不合理等。通过对滨海景观带的宏观规划，可以有效避免或改善这些问题。此外，这里还列举一些在进行滨海景观规划时所需注意的要点。因此，本章是针对整个滨海景观带而言的，一部分是规划要点，一部分是针对前文所提及的问题可采取的一些规划策略。

由于海岸线在整个滨海景观带中具有重要地位，也是滨海景观带的核心，应引起重视。因此，这里又将海岸线的保护与规划单独列举出来，供大

家参考。

一、加强区域协调，避免同类竞争

海岸带在空间上具有连续性，可将海港城市串联起来。但很多海港城市在进行滨海开发的时候，如熊小菊等人提到广西壮族自治区的北海、钦州、防城港三市只考虑自身发展，三市之间缺乏沟通与合作，因而出现了开发同质化、互补性差等现象，造成恶性竞争。因此，在进行滨海景观带规划时，应当跳出自身区域的束缚，站在更高的层次进行整体规划，加强区域协调，从区域规划的角度加强城市间的合作，发展特色，进行优势互补。

二、评估滨水区域的条件，以确定适合当地的设计标准及原则策略

在进行滨海景观带规划时，应当在分析滨水区域现状的基础上，结合相关规范制定一系列可行、合适的设计标准，用以指导后续进一步的详细设计。这些现状条件应当包括海岸地貌、水域、风浪区、坡度、潮差、风暴能和波能等。

比如在进行滩涂景观设计时，可遵循以下原则。

1. 科学设计，保持边缘效应

作为一个开放系统，沿海滩涂对外界干扰的反应比较敏感。因极易富集海陆污染物，海岸带成为地球上污染最集中的区域之一。而边缘效应在带来丰富生物资源的同时，其脆弱性与敏感性要求沿海滩涂的开发必须保证科学设计，防止滩涂生态恶化。

2. 限制性规划

尽管目前我国沿海滩涂面积总量逐年增加，但沿海滩涂的淤长是以各大河流沿岸水土流失为代价的。一旦沿岸水土流失受到控制，入海河流输沙减少，沿海滩涂非但不会淤长，反而可能因受侵蚀而后退。因此，沿海滩涂土地资源是有限的，不可能无限扩张。各地要珍惜滩涂资源，合理规划，科学利用。

3. 多层次开发

自然要素空间集聚于沿海滩涂，形成资源禀赋，土地利用具有多样性。单一开发既降低了滩涂景观多样性，削弱景观稳定性，又闲置、浪费了其他资源。所以，沿海滩涂须综合开发，充分利用自然要素空间集聚的特征，进行多层次的开发利用，实现滩涂开发形式的多样化，增强景观稳定性。

4. 定段分级利用

沿海滩涂景观存在明显的空间异质性，各岸段、各地貌部位差异显著，适合不同的开发方式。因此，沿海滩涂必须实施定段分级利用。各段、各级应充分利用其优势资源，但要避免对另类资源开发造成危害或妨碍。同时，还必须通过生态食物链、产品链等把各地段的开发有机结合起来，保持滩涂生态整体性。

三、明确划分功能区，使各功能区既具有自身特色，又能整体协调统一

根据岸线的资源条件，结合上位规划，依据“深水深用，浅水浅用……远近期结合”等原则，合理划定港口码头、近海工业、居住生活、旅游度假、休疗养、海水养殖、生态保护等功能区，并且要注意避免不同功能区间的相互干扰。

四、从宏观到微观逐层规划，在城市设计层面加强滨海景观带的规划建设，创造具有个性的滨海景观带

首先要确保景观带内开放空间的数量与质量，以维持城市的正常运行，如必要的交通、市政空间，以及提供文化、科技、体育、集会、游憩等所需的空间和一定的绿色开放空间。构建滨海景观带内系统、有层次的开放空间体系。其次，加强对景观带内构筑物的控制，包括色彩、风格、体量、造型、比例、密度等，使得整体和谐又不失特色。最后，应注重历史保护区的建立。历史遗迹、古建筑是地方独具的特色，滨海景观带在进行开发时，应注重对这些历史性地段、遗迹的保护，确定重点风貌保护区、一般保护区、过渡协调区等。充分利用历史遗迹，创造滨海景观带的地方特色。

五、进行合理的旅游资源空间布局,使资源得以有效利用

滨海景观由于处于海陆交界地带,在海洋和大陆的双重作用下,其景观资源十分丰富。滨海景观大体可分为自然景观(沙滩、海湾、海峡、潮汐、海浪、海市蜃楼等)、人文景观(古建筑、古炮台、烽火台、名人名居等)以及人工环境景观(防波堤、栈桥、灯塔、沙坝、雕塑等)。它们之间相互交织,形成了丰富的旅游资源。

针对这些丰富的旅游资源,为了使其得到有效利用,应当进行宏观的空间布局。首先确定景观带内各景点的环境承载力,控制游客规模,使得各景点在环境承载力范围内得以利用,促进旅游资源可持续利用。其次,综合考虑自然、人文等景观资源条件,进行资源整合和空间组织。最后,还应加强景观带内各景点与市内景点的空间联系,以减轻滨海地带的压力。

六、海岸线保护与规划

城市形象的塑造离不开"山、天、海三线景观"的塑造,海岸线作为三线中的重要组成部分,承担着打造城市陆地与海洋交接之处美丽景观的功能,它对于城市整体形象的塑造来说至关重要,有利于塑造独一无二的城市形象。并且,由于它处于海岸带中潮间带的位置,是滨海景观带设计中的核心部分,有很多学者对滨海景观的研究都落脚在了海岸带的规划与设计上。加之海岸线具有资源有限、生态极其敏感等特点。因此,需要在保护的前提下进行开发利用。

根据地貌特点、水深条件、生态环境、人类活动等多方面考虑,可以将海岸线依次划分成严格保护岸段、适度利用岸段以及优化利用岸段。针对每类岸段的特点,进行相应的保护或开发。

严格保护岸段包括自然形态保持完好的原生海岸、重要滨海湿地等生态功能与资源价值显著的自然海岸线。针对该类岸段,应发挥其生态涵养功能,应严格保护。

适度利用岸段是指具有公共旅游休闲、防潮、防侵蚀和生态涵养等生态功能的海岸线,以及为未来发展预留的海岸线,包括生态岸线和预留岸线。

优化利用岸段是指开发利用程度较高或开发利用条件较好的工业与城镇、港口航运等海洋基本功能区海岸线。针对该类海岸线，可进行开发利用，如发展渔业、旅游业、近海工业、建设港口码头以及进行景观优化等。

总之，在进行海岸线规划时，必须遵循生态保护的原则，先明确该岸段的定位是严格保护还是开发利用。只有适度利用岸段和优化利用岸段才能进行开发利用。

第四节 滨海景观带特征及面临问题

滨海景观带与其他滨水景观相比，在生态环境、景观条件、开发价值、建设管理等方面都有很大不同。

生态环境方面，位于海洋与陆地交界处的滨海景观带具有强烈的边缘效应，生态系统较为复杂；又因为滨海地区人类活动较为活跃，往往会对脆弱的生态系统造成伤害。

例如，人类活动产生的废物排向海洋，当排放量超过其自净能力时，将会导致沿岸生境恶化，进而影响物种多样性；填海、港口及护岸等工程建设，会对潮汐、洋流的流动造成影响，导致沉积物沉积或侵蚀的速度发生变化；在沿岸立地条件较差的地方进行开发，极易破坏生境，如黄河三角洲原有天然柽柳林的消失。

景观条件方面，边缘效应为滨海景观带提供了丰富且独特的生态景观基础；滨海区独有的开放性能为城市带来多样化的开敞空间；海岸作为城市的边界往往能够成为城市意象的重要一环；滨海地区独特的民俗风情、文物古迹、建筑、构筑物为滨海景观提供了多元的人文景观。

开发价值方面，随着中国经济发展，越来越多的人选择出门旅游，而海滨就是热门旅游目的地之一。相较于其他滨水景观，滨海地区视野广、面积大、可提供服务多，是人们休闲、娱乐、度假、观光的绝佳场所，具有巨大的经济、社会价值。

建设管理方面，由于滨海景观带涉及的范围较大、功能较为复杂，往往同时受多个部门管理，而不同部门对海岸线的使用没有经过协调，很容易造

成混乱局面，影响整体景观格局。

当前滨海景观规划设计也面临着许多问题。

地震、台风、风暴潮、海平面上升等自然灾害和海滩挖砂、乱炸礁石、不合理的工程建设等人类活动，造成了海岸侵蚀，沿海景观资源受损。如蓬莱西海岸因人为大量开采岸外水下浅滩，致使该处水深加大，原来可以被破碎消能的波浪，如今可以直抵岸边集中释放能量，造成海岸侵蚀，每年后退速率达 50 m；建于 1970 年长 700 m 的石臼所岚山头码头，在堤北侧出现砂体堆积，南侧则发生严重侵蚀，低潮线向岸逼近 100 m，高潮线海滩被侵蚀，剥露大片基岩新滩。

城市化带来的城市建设及环境污染，使滨海景观带自然生境破碎，导致生物多样性降低，如胶州湾沧口潮间带的生物种类数在 1957 年为 63 种，1963—1964 年为 141 种，1974—1975 年为 30 种，1980—1981 年为 17 种。20 世纪 90 年代至今，因大规模填海造地活动，如建设青黄高速公路等设施，潮间带滩面基本消失，生物种类遭到毁灭性破坏，青岛前海区夏季海鸥的不复出现也使海面失去生机。

当前许多滨海景观带缺乏特色。不同城市具有不同的气候、水文条件、地形地貌、文化氛围、民俗民风，这些城市特色可以借助滨海植物、开敞空间、道路、建筑、景观小品等实体体现出来。但许多城市没有充分挖掘出自身的特色，或是没有将城市特色融入滨海景观中，导致滨海景观缺乏城市特色，不能形成良好且独特的城市意象。

岸线功能、空间规划不合理，造成了景观资源的浪费、破坏，或因过度使用导致质量下降。如蓬莱市的部分岸线被汽车改造厂占用；青岛黄岛区金沙滩的优质旅游岸线部分被水产养殖占用；青岛第一海水浴场夏季高峰期的日游泳人数达十多万人，不仅使海水水质下降，而且过多的游人亦造成沙滩的侵蚀速度加快，主要表现在沙滩坡度变陡、沙粒粗化等方面。

滨海景观带管理也存在问题。由于景观带内用地类型多样，如港口、近海工业、居住、旅游、绿化、交通、水产养殖等，牵涉管理部门多，但部门间缺乏协调，造成在管理目标与行动上的矛盾与监管空白。

第五节　滨海景观设计

滨海景观带涵盖了近海及岛屿海域、陆域向海侧和陆域向陆侧三个部分，不同的区域在自然基底、主要影响因素、设计对象等方面有诸多不同，因此在设计时有不同的侧重点。

近海及岛屿海域是海洋的一部分，也是滨海景观最重要的景观元素。因此在设计的时候应该重点考虑对水体、近岸结构的处理，保证水体清洁美观、近岸结构合理可靠。

陆域向海侧是海洋与陆地的过渡部分，是滨海景观的主要设计对象。不同岸线形态会带来不同的视觉效果，因此在组织空间时需要考虑对岸线的影响；边缘效应导致这块区域生态系统复杂且脆弱，因此设计时应该注意自然基底类型、采取有针对性的生态保护措施；护岸、码头等人工设施要兼顾自然与人类的需要。

陆域向陆侧主要考虑城市与滨海区联系、城市滨海界面、滨海空间体验三个层面。

一、近海及岛屿海域

1. 水体污染防治

海洋污染有很多种类型，如海洋溢油污染、海洋营养盐异常、海洋病菌污染、海洋化学污染、海洋热污染、海洋核辐射污染等。

海洋赤潮是海洋中某些浮游藻类、原生动物或细菌，在一定的环境条件下暴发性繁殖或聚集而引起海洋水体变色的一种有害生态异常现象。赤潮对原有的海洋生态系统有很大的破坏力，对渔业、旅游业有很大的负面影响。

对这些影响滨海景观的海洋污染，可以运用遥感监测技术对其进行动态监测，分析其成因、动态、发生规律，在此基础上建立评估、治理体系方法，保证海水清洁，海洋生态系统运作正常。

2. 近岸结构设计

人类对近岸海域有多种使用方式，例如盐田、围塘养殖、航道、锚地、滨海浴场、人工鱼礁、网箱养殖等。近海过高的波能或流速可能导致沉积物上浮、悬浮和冲刷，对近海开发有不利影响，而近岸水下结构能降低波能和流速。因此，为了更好地开发使用海域，往往需要建造一些近岸结构。

近岸结构设计需要减少对水动力的影响。利用建模来评估波浪动态和沉积物运移的变化，对敏感栖息地和自然特征之外的沉积物和腐蚀进行规划，避免深水区的沉积物悬浮，避免对水循环产生负面影响，避免航道的沉积作用，避免对腐蚀危险区的负面影响。

这些近岸结构在设计时，还应当注意结合自然特征建造，如结合生物防波堤、边缘湿地暗礁、保水特征和沉水植物等进行设计，以改善环境。

3. 海岛开发

海岛开发受自身资源条件和成本的影响。前者与当地气候、生态环境有关，后者与海岛面积、距大陆距离、群岛分布格局有关。应该针对具体情况进行分析，选择资源禀赋高、成本较低的海岛进行开发。海岛与陆域海岸应当注重对景关系、航线等的处理。

二、陆域向海侧

海岸根据岸线形态可以分为直线型海岸、凹型海岸、凸型海岸和多湾型海岸。

直线型海岸岸线平直、缺乏变化，因此在设计时可以利用地势、雕塑、景观小品、铺装等增添层次和细节，以丰富滨海景观体验。

凹型海岸可以让游人观赏到湾内全景，设计时需要结合方位、地势、植被等因素，合理组织视线和流线，在视觉焦点处做重点设计，结合滨海特色文化，突出形成城市意象。

凸型海岸视野开阔且外向，近海岛屿、礁石有焦点和导向作用。除此之外，还应注意对陆景观轮廓线进行控制。

多湾型海岸空间变化丰富，应当结合前文提到的设计要点进行设计，创造出丰富的滨海景观空间体验。

海岸根据基质可以分为自然滩涂海岸和人工海岸。自然滩涂海岸是由海陆相互作用形成的岸线，可以分为基岩海岸、砂（砾）质海岸、淤泥质海岸和生物海岸，其中生物海岸的两种典型是红树林海岸和珊瑚礁海岸。自然滩涂海岸是由永久性人工建筑物组成的岸线，如防波堤、防潮堤、护坡、挡浪墙、码头、防潮闸、道路等挡水（潮）建筑物组成的岸线。城市景观岸线若发生了以拓展海岸空间为主要目的的填海造地活动，比如填海建成的景观平台、广场等，那么景观设施建设无疑会侵占自然的岸滩，改变原始的海岸动态过程，这类岸线应该被认定为人工岸线。如果景观设施只是依托海岸建设，没有改变原始的岸线位置和岸滩形态，那么景观设施对岸滩和海岸过程不会产生明显影响，其人工设施本身具有辅助交通、美化景观等积极作用，那么此类海岸应该被界定为自然岸线。

自然滩涂海岸具有以下几个特点。

①滩涂海岸是典型的开放系统，海—陆—气系统在这里频繁地进行物能交换。滩涂大多面临着地震、台风、暴雨、风暴潮、海啸等自然灾害，而海滩土壤含盐量高、绿色植被少，抗灾能力弱，再加上近年来全球气候变化，海平面上升，致使滩涂区域表现出强烈的敏感性。人类对滩涂的开发改变了原有的海—陆—气交换模式，滩涂景观对干扰的敏感性增强。

②滩涂地处海、陆边缘，具有明显的边缘效应。随着景观异质性的增加，这里的生态环境更为复杂，生物多样性更加丰富，入海河水带来的大量有机质和营养盐也促进了动植物在这里生长繁衍。

③自然资源要素集聚。自然滩涂海岸上包含的自然资源要素包括土地土壤资源、生物资源、海水资源、化学资源、旅游资源、港口资源、能源及矿产资源。

④岸线动态变化。受泥沙供应量、海岸地貌及植被、海水动力作用、海平面升降、地下水开采在内的人为干扰等因素影响，滩涂这一景观边界具有不稳定性。根据景观动态变化特征，可将滩涂划分为基本稳定型、侵蚀型和淤长型三类。

⑤空间异质性显著。沿海滩涂各地貌部位，由于距海远近的差异，海水淹没时间与土壤盐分不同，动植物群落相应存在明显分异，从而形成平行自

然分带的景观结构，空间异质性显著。

在对滩涂海岸进行设计时，应当注意融入弹性元素，以减少对脆弱生境的影响。利用多种边缘弹性策略创造多层次的边缘布局，以应对风暴雨、洪水、海平面上升和气候变化。合理开发利用海岸资源，保证景观可持续。注意场地水文条件，保证岸线稳定。设计滨海景观在进行植物选择时，必须深入实地，了解各路段的水文、土壤、方位、视域、受海浪及海风影响程度等立地条件，保证植物能够正常生长。

人工海岸往往加大了海岸线长度，减弱了海岸线曲折度，改变海岸类型，导致自然景观破碎或减少、生物栖息地破坏或减少、生物数量减少、地貌形态改变、纳潮量和潮流场变化等，最终将导致海湾生态功能退化、生产能力下降。

为避免这些影响，人工海岸在建设时，应当减小立面坡度，采取曲线形状，避免净填充，以减弱对自然景观环境和生态系统的破坏。

三、陆域向陆侧

1. 与滨海区联系

海岸与滨海区的联系包括建筑后退线划定、天际线设计、开敞空间设置、道路及步行系统设计、景观视廊设计等。

建筑后退岸线的距离对人的感受有一定影响。距离过大，海域与城市的关系不密切，对城市意象的塑造不利；距离过小，建筑安全难以保障，人也容易产生紧张与压迫感。

天际线由前景高层建筑和背景自然山体或建筑组成。设计时要建立视觉中心，控制层次感，把握整体韵律和节奏，注意形成对比、烘托与呼应。

开敞空间数量和面积上要能够满足人们集散、休闲的要求，可以采用容积率奖励政策等手段保证开敞空间的数量和面积。

滨海道路与步行道连接着区域内各要素，要最大限度保证居民接近海面的可能性，也可作为风廊和景观视廊，提供心理上的连接感，因此应适当加大垂直于滨海大道的道路密度。道路还应注意设置停车场、入口广场，加强可识别性。步行道要综合考量视野、安全性、舒适性，为步行者创造出良好的步行环境;完善步行系统与道路的连接,便于游人进入海岸。

景观视廊指的是通向景观资源或节点的视线通廊。在视廊内应当限制影响视觉效果的建筑、构筑物建设。

2. 城市滨海界面

城市滨海界面设计要素包括建筑高度、面宽、间距控制,应力求和建筑风格协调。

为保证滨海景观视野开阔,形成良好的空间尺度和景观层次,应当结合人的视觉效果和心理感受,以及景观视廊、风向,控制建筑高度、面宽和间距。

滨海建筑布局要注意主次。色彩宜简不宜繁,宜明不宜暗,宜淡不宜浓。

3. 滨海空间体验

滨海空间应根据不同私密或公共等级,依照活动的人的社会关系亲疏,提供与之对应的适宜尺度。

结合不同观赏距离、观赏角度和观赏物,设置多层级观景点。

第二章　滨河景观

第一节　滨水景观视角下河流基本知识

随着我国经济建设的发展，城市中原有的自然环境日益恶化，而城市的快节奏生活，使得城市居民向往户外休闲娱乐的场所。城市滨河区因其优良的景观基础和重要的生态功能，越来越受到人们的重视和开发。

要建设生态、科学、优美的滨河景观，首先要对河流的基本知识有基础的了解。滨河景观视角下的河流基本知识主要包括河流的水系特征和水文特征。河流的水系特征是指河流的形态特征。而水文特征强调的是河水的水情，如河流的补给类型、水位、径流量、含沙量等。河流的水系特征和水文特征与地形、气候、人类活动联系密切。河流的规划设计、综合开发利用的前提是要充分认识河流的水系特征和水文特征。

一、河流的水系特征

河流的水系特征主要指河流的形态特征，主要包括河流的流程、河流的流向、支流数量及其形态、河网密度、水系归属、水系形状、河道（河谷的宽窄、河床深度、河流弯曲系数）等。

1. 河流的流程

河流流程的长短主要取决于陆地面积的大小、地形及河流的位置。一般陆地面积较小（如岛屿）或陆地比较破碎（如欧洲西部）则河流较短；山脉距海岸较近（如美洲西岸）则西岸河流较短，如台湾西岸河流较东岸河流长些；内流河受水源限制有些较短。

2. 河流的流向

河流的流向由流域地势状况决定，河流总是由高处流向低处。在分层设色地形图中，要通过图例反映的地势状况来确定流向。在等高线地形图中，观察山谷沿线等值线数值大小可判断河流流向。河流发育在山谷之中，河流沿线的等高线凸向河流上游。

3. 支流数量及其形态

高山峡谷地区河流支流少，流域面积小；盆地或洼地地区河流集水区域广，支流多，流域面积大。

4. 河网密度

河网密度用于衡量流域支流的数量及疏密。河网密度的大小是用水系干支流总长度与流域面积的比值(即单位面积上的河流长度)来衡量的。河网密度跟流域内的地形及气候息息相关，如在降水丰富的南方低山丘陵地区，河流的支流众多，水系发育；而在干旱区的塔里木盆地边缘，河流的支流稀少且短小。

5. 水系归属

根据河流最终的注入地，注入海洋的河流为外流河，没有注入海洋而注入内陆洼地的河流为内流河。如黄河、长江为太平洋水系，雅鲁藏布江为印度洋水系，额尔齐斯河为北冰洋水系；塔里木河注入塔里木盆地，为内流河。

6. 水系形状

水系有各种各样的平面形态，不同的平面形态可以产生不同的水情，尤其对洪水的影响更为明显。水系形状主要受地形和地质构造的控制。常见的水系形状有如下六种(图 2-1)。

①树枝状水系：支流较多，主流、支流以及支流与支流间呈锐角相交，排列如树枝状。多见于微斜平原或地壳较稳定、岩性比较均一的缓倾斜岩层分布地区。世界上大多数河流水系形状是树枝状的，如中国的长江、珠江和辽河，北美的密西西比河，南美的亚马孙河等。

②格子状水系：河流的主流和支流之间呈直线相交，多发育在断层地带。

③平行状水系：河流在平行褶曲或断层地区多呈平行排列，如中国横断山地区的河流和淮河左岸支流。

④向心状(辅合状)水系：发育在盆地或沉陷区的河流，形成由四周山岭

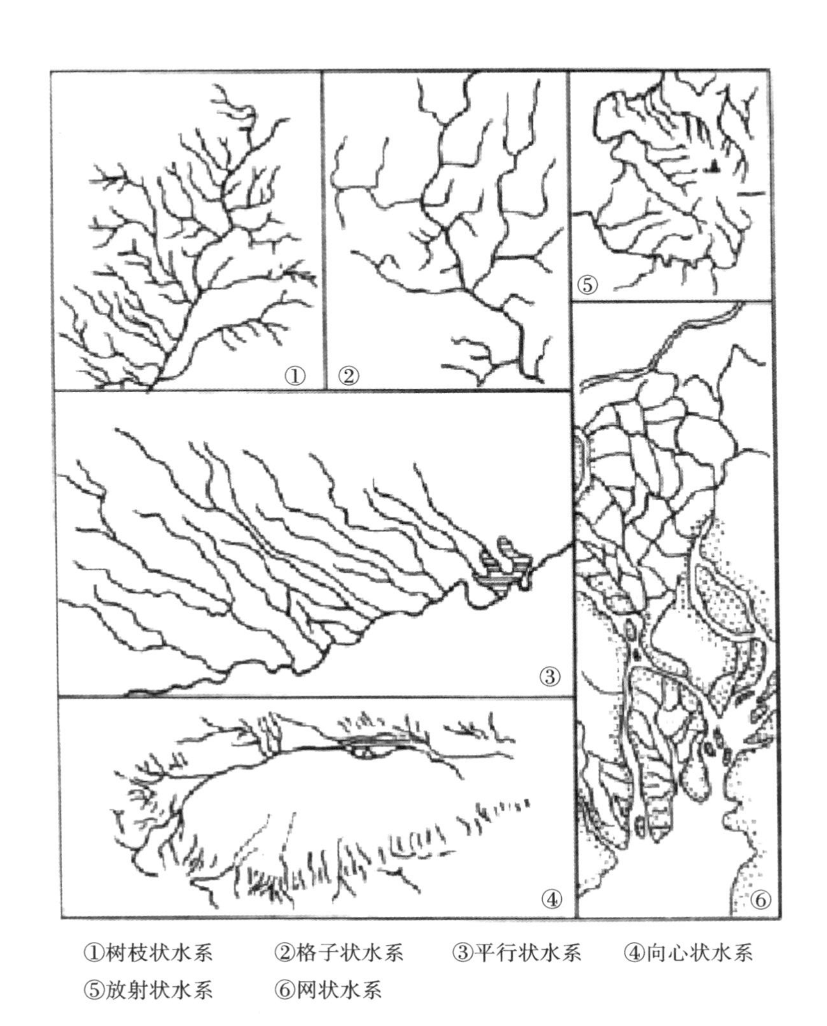

①树枝状水系　②格子状水系　③平行状水系　④向心状水系
⑤放射状水系　⑥网状水系

图 2-1　水系形状

向盆地或构造沉陷区中心汇集的水系，如非洲刚果河的水系和中国四川盆地的水系。

⑤放射状水系：河流在穹形山地或火山地区，从高处顺坡流向四周低地，呈辐射（散）状分布，例如亚洲的一些水系。

⑥网状水系：河流在河漫滩和三角洲上常交错排列，犹如网状，如三角洲上的河流常形成扇形网状水系。

7. 河道

山区河流落差大，流速快，以下切侵蚀为主（可能同时地壳在抬升，下切侵蚀更强），河道比较直、深，形成窄谷；地势起伏小的地区，河流落差小，以侧蚀为主，侧蚀的强弱主要考虑河岸组成物质的致密与疏松、凹岸与凸岸，河道受地转偏向力影响，河道表现为弯、浅、宽。

二、河流的水文特征

河流的水文特征是指河流的水情，主要包括河流的补给类型、河流水位、径流量大小、汛期及其长短、含沙量大小、有无结冰期、水能蕴藏量和河流的航运价值等。

1. 河流的补给类型

河流由于所处地理位置的不同，补给源也不同。河流补给源可分为地表水源和地下水源两大类。其中地表水源分为雨水、季节性积雪融水、冰川融水、湖泊及沼泽水。

（1）地表水源。

①雨水。

雨水补给河流迅速而集中，具有不连续性，季节、年际变化大。河流流量过程线随着降雨量的增减而涨落，呈现锯齿形尖峰。我国大部分地区处在东亚季风区内，雨量的年内分配极不均匀，主要集中在夏秋两季，年际变化也大，因而河川径流的季节分配不均，各年水量很不稳定，丰枯变化比较悬殊。同时，由于降雨集中，冲刷地表，所以河流含沙量往往较大。雨水补给时间集中在夏秋两季，河流流量变化与降雨量变化基本一致。雨水补给型河流在我国主要分布于东部季风区。我国各地雨水在年径流量中所占的比重相差悬殊，在秦岭—淮河以南、青藏高原以东的地区为60%～80%，浙闽丘陵地区和四川盆地可达80%～90%，云贵高原占60%～70%，黄淮海平原占80%～90%，东北和黄土高原占50%～60%，西北内陆地区只占5%～30%。

②季节性积雪融水。

季节性积雪融水补给有时间性，水量变化较小，补给时间主要集中在春季，河流流量变化与气温变化密切相关，主要分布于我国的东部地区。

③冰川融水。

冰川融水有时间性，水量较稳定，补给主要在夏季。冰川补给河流水量的多少与流域内冰川、永久积雪贮量的大小和气温的高低变化密切相关，主要分布于我国西北和青藏地区。

④湖泊及沼泽水。

湖沼水补给水量较稳定，对河流有调节作用，全年均可补给。补给量根据湖泊水和河水的相对水位决定，在我国主要分布于长白山天池和长江中下游地区。

（2）地下水源。

地下水源较稳定，与河流互补，全年均可补给，补给量根据地下水位高低而定，这是河流的一种非常普遍的补给方式。

2. 河流水位、径流量大小

①以雨水补给为主的河流（主要是外流河），水位和流量季节变化由降水特点决定。

a. 热带雨林气候和温带海洋性气候区（年雨区），河流年径流量大，水位和径流量时间变化很小（亚马孙河、刚果河流经热带雨林气候区，全年水位高、河流径流量大，且径流量时间变化很小，其中亚马孙河是全世界径流量最大的河流。莱茵河流经温带海洋性气候区，水位和径流量时间变化很小，利于航运）。b. 热带草原气候、地中海气候区，河流水位和径流量时间变化较大，分别形成夏汛和冬汛。c. 热带季风气候、亚热带季风气候、温带季风气候区（夏雨区），河流均为夏汛，汛期长短取决于雨季长短（注意温带季风气候区较高纬度地区的河流除有雨水补给外，还有春季积雪融水的河流形成春汛，一年有两个汛期，河流汛期会较长），但是由于夏季风不稳定，降水季节变化和年际变化大，河流水位和径流量的季节变化和年际变化均较大，如我国的长江和黄河（图 2-2）、东南亚的湄公河（图 2-3）、南亚的恒河等。

②以冰川融水补给和季节性冰雪融水补给为主的河流，水位变化由气温变化特点决定。

例如，我国西北地区的河流夏季流量大，冬季断流，我国东北地区的河流在春季由于气温回升导致冬季积雪融化，形成春汛。另外径流量大小还

图 2-2　黄河汛期

图 2-3　湄公河汛期

与流域面积大小以及流域内水系情况以及人们对河流上中下游河水的利用程度有关。一般情况下，流域面积大、流程长的河流径流量大，如亚马孙河、长江等；上中游对河水利用程度大的河流下游水量小，当然这也与当地蒸发量大有关，如我国西北地区的塔里木河等。

3. 汛期及其长短

外流河汛期出现的时间和长短直接由流域内降水量的多少、雨季出现的时间和长短决定。冰雪融水补给为主的内流河则主要受气温高低的影响，汛期出现在气温最高的时候。我国东部季风气候区的河流都有夏汛，东北地区的河流除有夏汛外，还有春汛；西北地区的河流有夏汛。另外有些河流有凌汛现象(凌汛形成的条件有三个：①有结冰期；②低纬流向高纬，但从低纬度流向高纬度的河流不一定都出现凌汛；③结冰和融冰时期)，终年封冻的河流及终年不会结冰的河流不会出现凌汛。我国黄河上游的宁夏河段和下游的山东河段就符合凌汛形成的三个条件，在秋末冬初结冰时期和冬末春初融冰时期有凌汛发生，欧洲的莱茵河、非洲的尼罗河尽管也是从低纬度流向高纬度的河流，但都不会发生凌汛。凌汛时，冰坝抬高水位，浮冰冲击河岸导致洪涝灾害的发生。要避免凌汛危害，需要在凌汛出现初期炸凌。流域内雨季开始早结束晚，河流汛期长；雨季开始晚，结束早，河流汛期短。我国南方地区河流的汛期长，北方地区比较短。

4. 含沙量大小

河流的含沙量由植被覆盖情况、土质状况、地形、降水特征和人类活动决定。植被覆盖差、土质疏松、地势起伏大、降水强度大的区域河流含沙量

大，反之，含沙量小。人类活动主要是通过影响地表植被覆盖情况来影响河流含沙量大小。

总而言之，我国南方地区河流含沙量较小，黄土高原地区河流含沙量较大，东北地区（除辽河流域外）河流含沙量都较小。

5. 有无结冰期

河流有无结冰期由流域内气温高低决定，月均温在 0 ℃以下的河流有结冰期，0 ℃以上无结冰期。我国秦岭—淮河以北的河流有结冰期，如图 2-4 为结冰期的黑龙江，秦岭—淮河以南的河流没有结冰期。有结冰期的河流才有可能出现凌汛。

图 2-4 结冰期的黑龙江

6. 水能蕴藏量

水能蕴藏量由流域内的河流落差（地形）和水量（气候和流域面积）决定。地形起伏越大，落差越大，水能越丰富；降水越多、流域面积越大、河流水量越大，水能越丰富，因此，河流中上游一般以开发河流水能为主（图2-5）。

7. 河流的航运价值

河流的航运价值由地形和水量决定，地形平坦、水量丰富的河流航运价值大，因此，河流中下游一般以开发河流航运为主（图 2-6）。同时需考虑河流有无结冰期，水位季节变化大小能否保证四季通航；天然河网密度大小，有无运河沟通，是否四通八达；内河航运与其他运输方式的连接情况（即联运）；区域经济状况对运输的需求等。

图 2-5　溪洛渡水电站

图 2-6　长江航运

第二节　影响滨河景观规划设计的河流要素

滨河景观设计受到河流本身特质的影响，这个特质主要是指河流的自净过程、自然行洪过程和人工调控行洪过程。

河流的自净过程是我们用滨水景观设计来提升河流水质的一个重要手段。而自然行洪过程和人工调控行洪过程造成水位升降而受影响的那片滨河土地区域(即消落带)，则是我们在滨河景观设计时重点考虑的区域。

1. 自净过程

河流自净过程是指河流受到污染后，水质自然逐渐恢复洁净状态的现象。城市污水排放进河流后，河水发生的变化过程最能反映河流的自净过程。河流的自净作用主要包括稀释作用、沉淀作用、微生物衰减过程及耗氧-复氧作用。溶解氧、水力条件、温度、微生物、河岸带在河水自净中起到了决定性的作用。

水中溶解氧含量与自净作用关系密切，水体的自净过程也是复氧过程。水体在未纳污以前，河内溶解氧是充足的，当受到污染后，由于有机物骤增，耗氧分解剧烈，耗氧超过溶氧，河水中溶解氧降低。如果水体复氧速度较快，水质将会由坏变好。水中氧的补给受到水面和大气条件的影响，如水面形态、水流方式、大气与水中的氧气分压、大气与水体的水温等。

水力条件会影响水中溶解氧含量的恢复，如水面形态、流量、流速和含

沙量等。水流的流动加快了污染物与水体的混合稀释过程,缩短了水体的滞留时间,增加了溶解氧的含量。基于水动力原理的引水工程被广泛地应用于水体污染治理工程中,以期在短期内快速改善水环境及水质,提高水体自净能力。

水温不仅直接影响水体中污染物质的化学转化速度,而且能通过影响水体中微生物的活动对生物化学降解速度产生影响,随着水温的增加,生物耗氧量的降低速度明显加快,但水温高却不利于水体富氧。

水中微生物对污染物有生物降解作用,某些水生物还对污染物有富集作用,这两方面的作用都能降低水中污染物的浓度。因此,若水体中能分解污染物质的微生物和能富集污染物质的水生物品种多、数量大,对水体自净过程较为有利。

河岸带是指河岸两边向岸坡爬升的由树木(乔木)及其他植被组成的缓冲区域,它可以通过过滤、渗透、吸收、滞留、沉积等河岸带机械、化学和生物功能效应,防止由坡地地表径流、废水排放、地下径流和深层地下水流所带来的养分、沉积物、有机质、杀虫剂及其他污染物进入河溪系统。它还可以调节流域微气候,为河溪生态系统提供养分和能量,增加生物的多样性。

以上五个方面给改善河道水质提供了不少途径,目前许多的河道整治手段都是由此受到的启发。

2. 自然洪涝过程

自然洪涝过程是指由于强降雨、冰雪融化、冰凌、堤坝溃决等原因引起河流水量增加、水位上涨的现象(图 2-7)。根据洪涝发生季节,可以将洪涝灾害分为春涝、夏涝、夏秋涝和秋涝等。

自然洪涝过程是河流的自然特性,是滨河景观设计必须研究和应对的问题。人们采用了很多方式来应对河水的自然洪涝过程,如修建硬质堤坝或者是生态驳岸等,俞孔坚甚至提出了与洪水为友的理念。在具体的滨河景观设计中,如何应对洪水,对河流生态和河流景观至关重要。

3. 人工调控行洪过程

人工调控行洪过程(图 2-8)的主要手段是修建水库,水库对洪水的调节作用有两种不同方式:滞洪和蓄洪。

图 2-7 河流的自然洪涝过程

图 2-8 利用水库人工调控河流的行洪过程

（1）滞洪。

滞洪就是使洪水在水库中暂时停留。当水库的溢洪道上无闸门控制，水库蓄水位与溢洪道堰顶高程平齐时，水库只能起到暂时滞留洪水的作用。滞洪是指为短期阻滞或延缓洪水行进速度而采取的措施，其目的是与主河道洪峰错开。

（2）蓄洪。

在溢洪道未设闸门情况下，在水库管理运用阶段，如果能在汛期前用水，将水库水位降到限制水位，且限制水位低于溢洪道堰顶高程，则限制水

位至溢洪道堰顶高程之间的库容，就能起到蓄洪作用。蓄在水库的一部分洪水可在枯水期有计划地用于水利需要。

当溢洪道设有闸门时，水库就能在更大程度上起到蓄洪作用。水库可以通过改变闸门开启度来调节下泄流量的大小。由于有闸门控制，所以这类水库防洪限制水位可以高出溢洪道堰顶，并在泄洪过程中随时调节闸门开启度来控制下泄流量，具有滞洪和蓄洪双重作用。

除了修建水库之外，人类的一些其他活动也会从相对微观的角度引起河水流量和水位的变化。常见的人类活动对河流水文特征的影响见表2-1。

表2-1　常见的人类活动对河流水文特征的影响

人类活动	流量和水位变化	含沙量变化
破坏植被	地表径流增加，使河流水位陡涨或陡落	增加，泥沙淤积河道，河床抬升
植树种草	地表径流减少，使河流水位升降缓慢	减少
硬化城市路面	地表径流增加，使河流水位陡涨或陡落	增加
铺设渗水砖	减少地表径流，增加地下径流，河流水位平缓	减少
修建水库	对流量有调节作用，使河流水位平稳	减少水库以下河段河流含沙量
围湖造田	湖泊对河流径流的调节作用减弱，水位陡涨或陡落	增加

第三节　河流消落带

一、消落带的概念

消落带的数量和种类繁多，功能相对复杂，不同区域、不同时段差异性较显著，使其未形成统一的定义。

20世纪70年代末，河岸带被认为是陆地上河水发生作用的植被区域。之后Lowrance等将河岸带的定义拓展为广义和狭义两种。河岸带广义上指靠近河边植物群落（包括组成、植物种类复杂度）及土壤湿度等高低植被明显不同的地带，即受河溪直接影响的植被；狭义上指河水与陆地交界处的两边，直至河水影响消失为止的地带，后来大部分学者主要以狭义概念作为研究基础。

随着人类对这一特殊区域重要性认识的日益深入，消落带越来越受到广泛重视。同时，大型水库建设所形成的水库型消落带对区域生态环境产生巨大影响，国内学者更多关注此类型消落带的研究，产生了一系列消落带定义。如刁承泰等认为消落带是由于季节性水位涨落而使水库周边被淹没土地出露水面的一段特殊区域，是水位反复周期性变化的干湿交替区；黄朝禧等认为消落带是水库死水位至土地征用线或移民高程之间的接近闭合的环形地貌单元，地处陆地生态系统和水生生态系统之间的过渡带；黄川等将消落带概括为水生生态系统与陆地生态系统的交替控制地带，该地带具有两种生态系统的特征，具有生物多样性、人类活动的频繁性和脆弱性。以上定义都只是定性地进行概括，仅仅考虑受其影响的区域特征和植被特征，具有很大的主观性。然而，消落带是一个完整的生态系统，自身具有独特的空间结构和生态功能，与相邻的水陆生态系统之间均发生有物质和能量的交换，研究应考虑其动态性。

纵观不同学者的研究成果可知，消落带可以是水陆生态系统交错的区域，是一个独立的生态系统，具有水域和陆地双重属性，长期或者阶段性的水位涨落导致其反复淹没和出露的带状区域，长期为水分梯度所控制的自然综合体，是一类特殊的季节性湿地生态系统，在维持水陆生态系统动态平衡、生物多样性、生态安全、生态服务功能等方面都具有重要作用。

二、辨析：自然消落带与生态缓冲区

1. 自然与生态

“自然”的境界就是一种自然而然、无为而自成、任运的状态。

生态一词，现在通常是指生物的生活状态。生态通常指一切生物的生存状态，以及生物之间和生物与环境之间环环相扣的关系。

2. 辨析

自然消落带（图 2-9）是自然水体（河，海，湖）边的植物群落受水体影响

而形成的有别于其他植物的地带。它形成的原因有两个：一是季节性水位涨落，即季节性水位涨落使被淹没土地周期性出露于水面的区域，此外还包括特殊气候造成的消落带（如干旱导致洞庭湖水位下降）；二是蓄水原因，大型水库（如三峡大坝）消落带的形成主要是因为周期性蓄洪或泄洪所导致的水位升降所造成的。

生态缓冲区（图 2-10）是人为划定的区域，限制该区域中可能对环境造成破坏的行为。

图 2-9　自然消落带

图 2-10　生态缓冲区

三、消落带的分类

对消落带进行分类是消落带研究的基础，从不同角度和研究方式出发进行分类，可以更清楚地了解消落带。但消落带研究的目的、方法以及地域性不同等原因，不同的学者在消落带的分类上存在较大差异，也没有形成完整的分类系统。目前，国外对消落带的类型划分鲜见报道，而国内多是以消落带形成的原因、地质地貌特征、人类影响方式及其开发利用的时间段等进行分类。

1. 按形成原因分类

消落带按形成原因可分为自然消落带和人工消落带。

自然消落带是水位季节性变化造成水体岸边土地相应地呈现节律性受淹和出露的区域，一般在丰水期被水淹没，在枯水期离水成陆，完全受自然因素影响所形成。

人工消落带则是人为过度干扰使水位出现不定期的涨落波动，导致消落带生态系统结构和功能出现紊乱，形成了一种区别于自然消落带的退化生态类型。

2. 按地质地貌特征分类

按地质地貌特征分类主要以遥感、3S 技术为依托，结合实地野外立地条件调查来划分。如张虹等依据各类型消落区生态特点，将其划分为库尾消落区、松软堆积缓坡平坝型消落区及硬岩陡坡型消落区；苏维词等依照不同地段的地形，划分为河湾型消落带、开阔阶地型消落带、裸露基岩陡峭型消落带和失稳库岸型消落带；赵纯勇等利用 3S 技术进行消落带空间分布、地表物质组成、土地利用现状监测，将消落带划分为峡谷陡坡裸岩型消落区、峡谷陡坡薄层土型消落区、中缓坡坡积土型消落区（河流阶地、平坝型）、城镇河段废弃土地型消落区和支流尾闾型消落区。

3. 按人类影响方式及其开发利用的时间段分类

如谢德体等考虑了人类活动影响情况，将消落区类型划分为 4 类：城镇消落区、农村消落区、库中岛屿消落区和受人类活动影响的消落区；谢会兰等结合消落带被淹区域出露水面的时间不同，划分为常年利用区、季节性利用区和暂时性利用区。

以上类型主要以消落带的地质地貌、水文特征、理化性质、土壤特性和人类影响为基本属性划分，但这样的划分没有真正体现出消落带的功能特征。不同地域和不同尺度消落带具有很大的差异，划分消落带类型应结合研究尺度（区域尺度、景观尺度）、成因（人为因素或者自然因素）、时间动态以及消落带发育的动力因素，如水文特征、气候、地貌条件（地貌部位、地质基底条件、地貌外动力条件）和人为活动影响等因素，这些都将对消落带的发育和演化产生重要影响。综合各类生态因子对消落带进行科学的划分是必要的。首先，按消落带成因划分为自然消落带和人工消落带，且以所处生境类型划分为湖泊堤岸型消落带（图 2-11）、河道堤岸型消落带（图 2-12）、水库岸坡型消落带等；然后，结合不同的气候因素、水文地质地貌，比如气候带、水流、坡度、海拔、土壤等划分；最后，以消落带演替发育的各种动力因子包括物理、化学、生物等进行划分，可以将其作为一个变化的生态整体。

图 2-11　湖泊堤岸型消落带

图 2-12　河道堤岸型消落带

第四节　河流缓冲带

一、河流缓冲带的概念

河流缓冲带是水陆交错带的一种景观表现形式，即岸边陆地上同河水发生作用的植被区域，是介于河溪和高地植被之间的生态过渡带。

二、缓冲带的主要功能

1. 缓冲功能

河流两岸一定宽度的植被缓冲带可以通过过滤、渗透、吸收、滞留、沉积等河岸带机械、化学和生物功能效应，使进入地表和地下水的沉淀物（富氮磷物质、杀虫剂和真菌等）减少。

2．稳固河岸

试验表明，受植物根系作用影响，河岸沉积物抵抗侵蚀的能力比没有植物根系时高，这是由于植物根系可以垂直深入河岸内部；但当河岸较高时，植物根系不能深入到河堤堤脚，则会增加河岸的不稳定性；短期的洪水侵蚀和水位经常发生变化时，草本植物可以有效发挥其防洪和防侵蚀作用，但水位淹没时间较长时，就需要寻求更好的护岸方法。

3．调节流域微气候

河岸植被可创造缓和的微气候。在夏天，河岸缓冲带的植被可为河流提供遮阴功能：在小流域，仅1％～3％的太阳光能到达河水表面，可降低夏天的水温。

4．为河溪生态系统提供养分和能量

河岸植被及相邻森林每年都向河水中输入大量的枯枝、落叶、果实和溶解的养分等漂移有机物质，成为河溪中异养生物（如菌类、细菌等）的主要食物和能量来源。

当水流经过滞留在河溪中的大型树木残骸时，由于撞击作用，增加了水中的溶解氧。大型树木残骸还能截留水流中树叶碎片和其他有机物质，使其成为各种动物的食物。随时间的流逝，河溪中的粗大木质物将逐渐破碎、分解和腐烂，缓慢地向河水释放细小有机物质和各种养分元素，成为河溪生态系统的主要物质和能量来源。

5．增加生物多样性

河岸植被缓冲带所形成的特定空间是众多植物和动物的栖息地，目前已发现许多节肢动物和无节肢动物属于河岸种。

三、当代缓冲带的类型

当代缓冲带的类型有密集城市开发缓冲带，混合型工业和居住缓冲带，生态保护和开放空间缓冲带。

四、当前科学技术

Williams 等利用农业管理系统的化学、地表径流和侵蚀模型对美国周边一些小尺度缓冲带在减轻土壤侵蚀、拦截沉淀物和养分传输等方面的功效进行了评估。

Lee 等建立了 Graph 数学模型分析河流草地缓冲带减缓地表径流和吸收磷的效果。

河岸生态系统管理模型是能够检测多区域河岸缓冲带功能的模型。此模型适用于小流域河岸缓冲带，但在地形条件较复杂的条件下效果不太理想。

GIS 作为一种工具，已全面开始应用于集水区的管理计划，特别是河岸缓冲区的管理，最近也应用于评估流域尺度缓冲带的积累效应。在小流域的应用中，遥感数据的分辨率还达不到植被分类的要求。而在处理大尺度河流和洪泛区森林的时候就不存在这个问题。

另外，目前还缺少一个既能对缓冲区进行估算又能很好与 GIS 耦合的模型。Xiang 做过一些尝试，将 GIS 和污染物拦截方程相结合来了解植被缓冲带的功能。利用数学模型和 GIS 相结合，能更好地设计植被缓冲带的宽度和位置，从而体现地形特征。

第五节 基于河流缓冲带的河流景观规划设计策略

一、位置

在计划建立河岸缓冲带之前，还需要了解这个区域的水文特征。较小尺度的一级或者二级的小溪流的缓冲带可以紧邻河岸。作为较大的流域范围，考虑到暴雨期洪水泛滥所产生的影响，植被缓冲带的位置应选择在泛洪区边缘，图 2-13 为河流缓冲带的位置示意图。

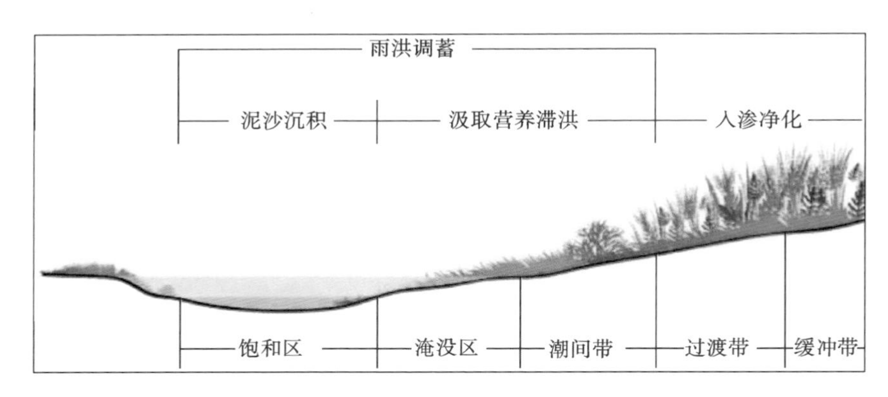

图 2-13　河流缓冲带位置示意图

一般情况下，处于河流上游较小支流的河岸最需要保护；考虑到积水区内的累积效应，在分水岭这样具有连接作用的特殊地方，也同样应该设置缓冲带；当然整个流域都需要健康的河岸缓冲带(图 2-14)。

图 2-14　紧邻河岸的河流缓冲带

对于具体地段而言，科学地选择缓冲带位置是缓冲带有效发挥作用的先决条件，如图 2-15 为紧邻水体的河流缓冲带。从地形的角度，缓冲带一般设置在下坡位置，与地表径流的方向垂直。

对于长坡，可以沿等高线多设置几道缓冲带以削减水流的能量，分层的河流缓冲带如图 2-16 所示。

在溪流和沟谷边缘一定要全部设置缓冲带，因为间断的缓冲带会使缓

图 2-15　紧邻水体的河流缓冲带

图 2-16　分层的河流缓冲带

冲效果大大减弱。

二、植物种类

乔木有发达的根系，可以稳固河岸，防止水流对河岸的冲刷和侵蚀。同时，乔木可为沿水道迁徙的鸟类提供食物，也可为河水提供更好的遮蔽。如图 2-17 为宁波生态走廊缓冲带植被设计。

图 2-17　宁波生态走廊缓冲带植被设计

草本缓冲带就像一个过滤器，可通过增加地表粗糙度来增强地表径流的渗透能力，并减小径流流速，提高缓冲带对沉淀物的沉积能力。

在具有旅游和观光价值的河流两岸可种植一些色彩丰富的景观树种。在经济欠发达地区可种植一些具有一定经济价值的树种。

三、结构和布局

植被缓冲带种植结构影响着缓冲带功能的发挥(表 2-2)。

表 2-2　不同植被类型对缓冲带作用的影响

作　　用	草地	灌木	乔木
稳固河岸	低	高	高
过滤沉淀物、营养物质、杀虫剂以及附着在它们上面的病原体	高	中	高
从地表径流中过滤营养物质、杀虫剂和微生物	中	低	中
保护地下水和饮用水的供给	低	中	高
改善水生生物栖息地	低	中	高
为牧场动物改善生物栖息地	低	中	低
为森林动物改善生物栖息地	高	中	高
提供经济作物的生产	中	中	高
提供景观视觉影响	低	中	高
抵御洪水	低	中	高

在缓冲带宽度相同的条件下,草本或森林-草本植被类型的除氮效果更好。而保持一定比例的生长速度快的植被可以提高缓冲带的吸附能力。一定复杂程度的结构使得系统更加稳定,为野生动物提供更多的食物。

与较宽但间断的缓冲带相比,狭长且连续的河岸缓冲带从地下水中移除硝酸盐的能力更强,而这个结论往往被人们忽视。

美国林务局建议在小流域建立如下“3 区”植被缓冲带。

①紧邻水流岸边的狭长地带为一区,种植本土乔木,并且永远不采伐。这个区域的首要目的是为水流提供遮阴和降温作用,巩固流域堤岸以及提供大木质残体和凋落物。

②紧邻一区向外延伸，建立一个较宽的二区缓冲带，这个区域也要种植本土乔木树种，但可以砍伐以增加区域收入。二区的主要目的是移除比较浅的地下水中的硝酸盐和酸性物质。

③紧邻二区建立一个较窄的三区缓冲带，三区应该与等高线平行，主要种植草本植被。三区的首要功能是拦截悬浮的沉淀物、营养物质以及杀虫剂，吸收可溶性养分到植物体内。为了促进植被生长和对悬浮固体的吸附能力，每年应该对三区草本缓冲带进行两三次割除。

四、宽度

河岸缓冲带功能的发挥与其宽度有着极为密切的关系。缓冲带宽度是由以下多个因素决定的。

①缓冲带建设所能投入的资金。

②该缓冲带河岸的几何物理特性，如坡度、土壤类型、渗透性和稳定性等。

③该流域上下游水文情况和周边土地利用情况。

④缓冲带所要实现的功能。

⑤管理部门或业主提出的要求和限制。

当缓冲带的作用是巩固正在遭受侵蚀的河岸。在小型的溪流中，良好的侵蚀控制只需要在河岸上种植灌木、乔木和一片经过管理的 14 m 宽的草地缓冲带即可。在大河流或侵蚀严重的河岸，则在河岸后将缓冲带宽度延伸至 20 m，这是最低的要求。不同功能缓冲带宽度如图 2-18 所示。许多大河河岸需要用工程的方法来加以稳固和保护，可以将工程法与生态法结合使用。为了更好地稳固岸堤，可在缓冲带多种植灌木和乔木，以利用此类植物的发达根系达到固土效果。

当缓冲带的作用是过滤、沉淀物质和吸收径流中的污染物质时，在高宽比小于 15 %的斜坡中，14 m 宽的草地缓冲带可以截留大量沉积物。但当斜坡的坡度增加时，缓冲带的宽度也要相应增加。在沉淀作用特别重要的地方，还要多种植灌木和乔木。

当缓冲带的作用是过滤径流中的可溶解营养物质和杀虫剂时，在较为

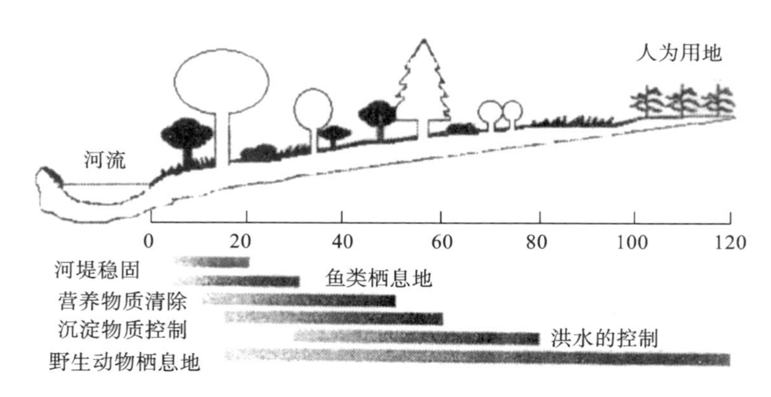

图 2-18　不同功能缓冲带宽度示意

陡峭的斜坡或是土壤渗透能力较差的地带，缓冲带的宽度至少达到 40 m，这样才可使径流能够充分地进入土体，植物和微生物有充分的时间吸收和分解营养物质和杀虫剂。40 m 的宽度已能够去除大多数的污染物了，但是如果缓冲带建立在黏性土上，宽度至少达到 200 m。

当缓冲带的作用是保护渔业时，缓冲带的宽度取决于鱼类群落。对于冷水渔业，树荫要将其完全遮盖。如果不存在藻类泛滥的问题，热水渔业不需要过宽的缓冲带和遮盖，但缓冲带的水质净化功能还是会对其有益。要使水生生物的生物链保持健康，40 m 是最低限度，宽度越大，效果越好。

当缓冲带的作用是保护野生动植物栖息地时，缓冲带的宽度要根据需要保护的物种而确定，通常 120 m 是所能接受的最小值。动植物保护的缓冲带宽度要远远大于保护水质所需的宽度，缓冲区域越大，其价值也就越大。大型动物和内陆森林树种通常需要更多的空间。在大区域的栖息地之间，构建较窄的缓冲带是可以接受的，因为连续性是相当重要的——比如对于鸟类的迁移，哪怕是小片的树林也远比没有树林好。

当缓冲带的作用是抵制洪水破坏时。小型溪流可能只需要宽度很狭窄的乔木和灌木，大型溪流或是河流就需要一片能够彻底覆盖一部分洪泛区的缓冲带。在流域内不能建造永久性建筑就是考虑到这个原因。

第三章　滨湖景观

第一节　滨湖景观定义与分类

湖泊是指陆地上洼地积水形成的、水域比较宽广、换流缓慢的水体。影响湖泊演变的主要有泥沙、气候及人为因素。入湖泥沙量多的湖泊容易淤积，甚至分化、消亡。气候干旱、蒸发量大于补给量的湖泊，湖面将缩小甚至消亡，反之则湖面扩大，湖水淡化。人类围垦等行为也会造成湖泊消亡。

滨湖景观指位于城市建成区或毗邻城市建成区，有一定自然景观资源或历史人文资源，由作为城市公共空间和生态资源的城市湖泊水体以及滨湖带所组成的开放空间。

与陆地景观相比，“水”是滨湖景观的最大特色，湖泊景观的生态功能也更为显著多样。湖泊拥有多样化的生境，同时也具有涵养水分、降解污染、调节微气候的功能。与其他滨水景观相比，湖泊水面是闭合的，滨湖空间也因此具有“带状成环”的空间特征，即可进行线形组织环湖游憩等活动。

城市湖泊根据其在城市中所处的位置，可以分为城市中心区湖泊、发展区湖泊和郊野区湖泊。城市中心区湖泊位于城市中心区内，人类活动密集，与城市各类型用地联系紧密，基本都已经被开发利用，是城市重要的开放空间。发展区湖泊位于城市建成区内、中心区之外，人的活跃度相对较低，周边尚未建设完全，有较大的利用改造空间。郊野区湖泊位于城市远郊，基本处于原生状态，一般是面积较大的生态斑块，具有重要的生态维护功能。另外，由于城市的发展是一个动态的过程，中心区、发展区的位置是不断变化的。随着城市的发展，一些原本位于发展区的湖泊可能成为中心区湖泊，例如武汉市的南湖原本是位于发展区的湖泊，随着城市不断发展，周边用地被开发建设，逐渐成为一个城市中心区湖泊。

根据湖泊的主导功能，还可以将城市湖泊分为城市公共空间型湖泊、风景区型湖泊和城市生态型湖泊。城市公共空间型湖泊的主导功能就是为人们提供公共活动空间，周边聚集了大量的人群。这类湖泊往往面积相对较小，自身恢复能力差，生态问题较为严峻，例如武汉市的沙湖。风景区型湖泊就是兼具了生态保护功能和公共空间作用的湖泊，这类湖泊往往水域面积较大，既有城市生活岸线，又有生态和旅游效益，例如武汉市的东湖。城市生态型湖泊主要发挥其生态功能，关系到城市的生态安全，是受人类活动干扰最小的湖泊，并可能对城市的旅游经济有较大作用，例如武汉市的武湖、木兰湖等。

第二节　湖泊及滨湖景观面临问题

湖泊是城市重要的淡水资源库、洪水调蓄库和优质的景观资源。然而，近十年来，随着气候的变化与人类干扰活动的加剧，湖泊的数量、形态、水质、水量、生物种类等都发生了巨大的变化，造成了湖泊日益萎缩破碎、对洪水调蓄能力降低、生态系统愈发不稳定等一系列问题。

在这里，将从滨湖景观的视角，从湖泊水质、水量以及水体形态三个方面来概述这些问题。针对这些问题进行一个概括性或详细性的说明，以期望后续在进行滨湖景观设计时，能从不同层面，采取不同手段来有效解决或缓解这些问题。

一、水质

随着城市的扩张与不断发展，大量研究表明，城市范围内或城市周边的水体水质正在逐步劣化。但近些年来，随着人们环保意识的建立，也有部分湖泊的水质正在逐步得到提升。

以武汉市为例，随着城市发展，原本水质优良的湖泊正逐步受到污染，Ⅱ类、Ⅲ类湖泊数量占比从 2007 年的 18.20%，逐渐下降为 2016 年的 9.1%（图 3-1）。Ⅳ类、Ⅴ类湖泊占比不断上升。一方面是由于原Ⅱ类、Ⅲ类湖泊水质的下降；另一方面，随着人类对环境保护意识的提升，开始进行一些湖泊整治工作，使得原来劣Ⅴ类湖泊比重下降，部分湖泊水质提升。

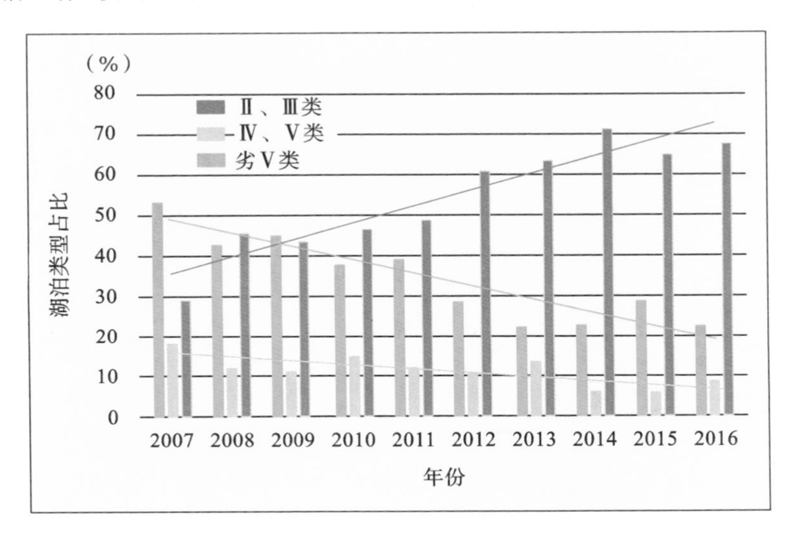

图 3-1 武汉市各水质湖泊数量变化趋势

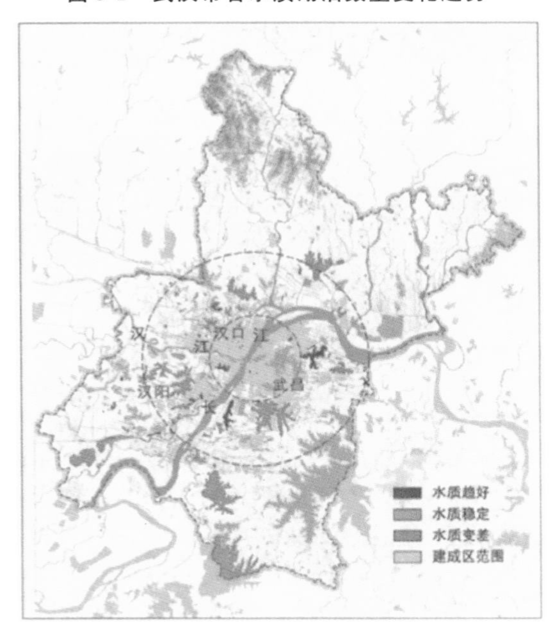

图 3-2 武汉市湖泊水质变化趋势

从图 3-2 可以看出，水质好转的湖泊大都集中在中心城区范围内，而水质变差的湖泊都集中在城市建设用地拓展的边界上。说明中心城区湖泊受关注度较高，湖泊保护措施逐步到位，使得水体环境质量逐渐提升。但在城市拓展过程中，新城区的湖泊污染防治体系是有欠缺的，新城区正在重复主城区先污染后治理的发展模式。

根据污染物的不同，可以将水质污染分为有毒有机物污染、水体富营养化、重金属污染以及水体酸化四种类型。

1. 有毒有机物污染

有毒有机物污染是指多氯联苯、有机氟农药、多环芳烃等有机物造成的污染。其来源包括工业"三废"排放、农业中各种农药的大量使用、生活废水的直接排放，其中工业污染是最大的有机物污染源。这些有机物通过地表、大气—水体交换、大气干湿沉降和地下水渗入而进入湖泊。

湖泊系统中的这些有毒有机污染物主要通过生物迁移和转化等方式对环境造成危害。并且，这些物质具有疏水性，可以在生物脂肪中富集，难以被分解。因此，即使湖泊中有机有毒物质含量很低，也可以通过水生食物链危害人体健康，造成人体慢性中毒，甚至有致癌风险。

2. 水体富营养化

水体富营养化是指氮、磷等植物营养物质含量过多所引起的水质污染现象。其来源之一是大量含有氮、磷营养物质的污水排放，其次是农田施用的化肥和牲畜粪便经雨水冲刷和渗透进入水体，导致水体营养物质增多。

水体富营养化的显著特征就是浮游植物的大量繁殖，水体透明度和溶解氧含量下降，因而直接导致了水质恶化、水体功能下降以及水生生物因缺氧死亡等灾难性后果。并且，水生植物的大量繁殖，还加速了湖泊的淤积、沼泽化过程。另外，一些浮游植物，比如蓝藻中的一些物种是有毒的，比如鱼腥藻属、隐藻属等，会导致家畜和人类中毒死亡。

3. 重金属污染

重金属污染是湖泊中比较重要的环境问题，它一旦进入湖体，就会对湖泊造成长期的影响。一方面，它一进入湖泊水体就会发生一系列物理、化学反应，对水体和水生生物造成污染。并且会在底泥沉积物中累积起来成为

次生污染源。一旦湖泊遭到干扰，沉积物的再悬浮就会使重金属回到上覆水体，再次形成污染。另一方面，重金属不能被生物降解，但具有生物累积性，所以通过食物链会威胁到人体健康，造成人体急性中毒和慢性中毒等。如日本发生的骨痛病（镉污染）和水俣病（汞污染）等公害病，都是由重金属污染引起的。

4. 水体酸化

水体酸化是指湖泊水体的 pH 值小于 5.6 时，水体呈现的酸化状态。主要是由于工业生产和生活中各种能源使用产生的 SO_2、氮氧化合物被氧化后产生的酸性物质，通过大气干湿沉降进入水体。

水体酸化造成的危害主要表现在两个方面。一方面是对水生生物直接造成危害，当水体 pH 值小于 5.5 时，鱼类生长会受阻，甚至造成鱼类生殖功能失调，停止繁殖。另一方面，它会引起沉积物中有毒重金属元素的活化，导致湖泊水环境中重金属浓度升高和污染加剧。

二、水量

由于城市发展需求，人口与用地矛盾日益上升，人们开始用填湖的方式来扩大城市建设用地面积，造成城市湖泊面积的急剧减少，同时也使湖泊蓄水容积大幅减少。同时，郊野地区因围湖造田也导致湖泊面积的萎缩。姜加虎等人通过对长江中下游地区的初步调查表明，自 20 世纪 50 年代初至 2004 年，长江中下游地区因围垦减少的湖泊容积超过 500×10^8 m^3，相当于淮河多年平均年径流量的 1.1 倍，五大淡水湖泊蓄水总量的 1.3 倍。

以武汉市为例，据有关学者采用 Landsat（美国 NASA 的陆地卫星）影像图研究武汉市近 30 年来湖泊面积动态变化，结果表明，1987—2016 年，武汉市湖泊面积在不断地变化，总体呈减少趋势。1987 年武汉市湖泊面积为 964.52 km^2，到 2016 年湖泊面积为 906.89 km^2，共减少了 57.63 km^2。其中主城区湖泊面积呈明显减少趋势。从 1987 年的 154.20 km^2减少至 2016 年的 81.00 km^2，面积萎缩超过 47.47%，越靠近城市中心，湖泊缩减的面积越多，湖泊蓄水量也减少得越多。

湖泊蓄水量的减少，导致了湖泊调蓄容积的减少，并直接导致了湖泊洪水调蓄功能下降，在相当程度上引发了湖泊洪水位的不断升高，最高洪水位被不断突破，洪涝灾害危害程度不断加大。

另外，由于城市建设加快、地面硬化率上升，原来植被覆盖的透水地面变为不透水地面，造成地表径流增大。特别是在雨季，大量的地表径流流入湖体，使得短时间内入湖水量远远大于出湖水量，造成湖泊的水量增减不平衡，超出湖体的调蓄能力，从而加大洪涝危害。

总的来说，关于水量，一方面是由于湖泊蓄水量减少导致对洪水调蓄能力减弱的问题；另一方面是由于地表径流增大，造成入湖水量远大于出湖水量（水量增减不平衡），在雨季加大洪涝危害的问题。

三、水体形态

在湖泊景观中，水体形态是最容易被游人感知的景观元素。接近自然曲率且富于变化的水岸能够提供更多样的近水与亲水空间，为滨湖景观的塑造提供更多可能。

湖泊的水体形态生成依托于所在地的形状，主要指的是岸线围合的几何形状，包括平面与立体的几何形状。在湖泊学研究中，可以用面积、周长、最长轴、分形维数、岸线发育系数、近圆率、形状率、紧凑度、水体空间包容面积等几何定量指标对岸线形态进行描述。在人类活动等因素的影响下，当前湖泊水体形态主要面临着以下几个问题。

1. 湖体萎缩

受到气候变化和人类活动等的影响，城市湖泊总体呈萎缩趋势，严重影响着周边生态系统和景观格局。以有“千湖之城”之称的武汉市为例，1987—2016 年武汉市湖泊面积在不断地变化，总体呈下降的趋势。1987—2016 年，武汉市湖泊面积共下降了 57.63 km^2（图 3-3）。

其中，南湖作为武汉市内面积仅次于东湖和汤逊湖的第三大城中湖，1987—2016 年，湖泊面积在不断减小，由 1987 年的 15.43 km^2 萎缩至 2016 年的 7.13 km^2，减少了 8.30 km^2，湖泊萎缩了 53.79%，有超过一半的湖泊消失。湖泊边界呈现由外向内缩减的趋势，边缘的细小湖泊斑块随时间逐渐减小直至消失（图 3-4）。

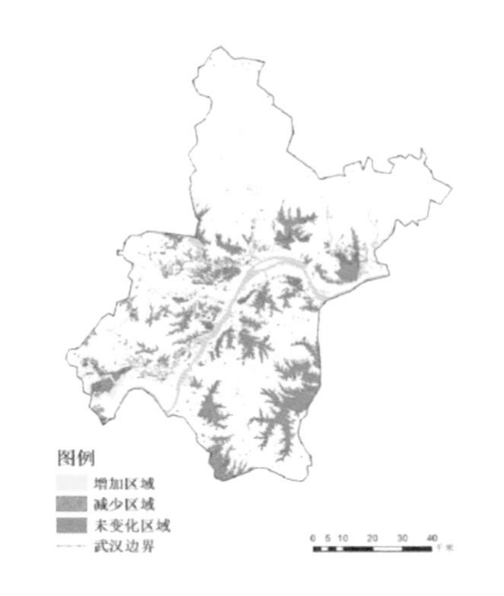

图 3-3　武汉市各湖泊面积变化趋势

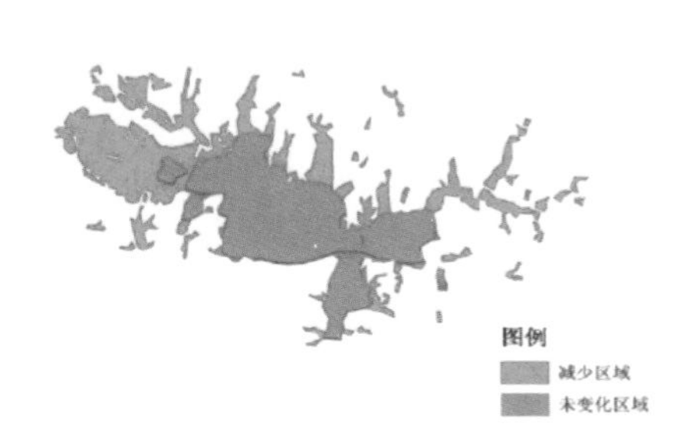

图 3-4　1987—2016 年南湖面积变化分布图

湖体萎缩严重影响湖泊的生态与环境功能，包括物种生境、调节气候、涵养水分、放涝减灾等，同时也不利于景观塑造和城市形象建设。

2. 湖体破碎

自然或人为因素直接或间接对湖泊造成了切割，使湖泊由单一、均质、连续的整体向复杂、异质、不连续的斑块镶嵌体演变，导致城市湖泊景观破碎化。

有学者研究显示，武汉市中心城区景观的破碎度指数从 2000 年的 1.0940上升至 2010 年的 1.6608，说明武汉中心城区湖泊景观破碎化程度随时间推移而逐渐增大，湖泊之间的连通性逐渐降低。

湖体破碎导致景观失去连续性，这也是生物多样性丧失的重要原因之一，它与自然资源保护密切相关。

3. 边缘规则化

人类开发活动对湖泊边缘也造成了影响，原本复杂多变的湖岸在人类影响下变得愈发规整。

景观格局研究中一般是借助景观斑块的分形维数作为描述景观复杂的指数。当值越接近 1 时，表示斑块的几何形状越规则，斑块形状简单，人为干扰大；当值越接近 2 时，表示斑块的几何形状越无规律，斑块形状复杂，人为干扰小。

武汉市湖泊分形维数接近于1的湖泊有内沙湖、北湖、后襄河、小南湖、晒湖、机器荡子湖、杨春湖、水果湖、莲花湖、菱角湖和西湖。从地理位置上看，除杨春湖位于三环附近外，其他湖泊全都位于二环线以内的市区附近，受人类活动影响大，湖泊几何形状趋于简单化。

湖泊边缘规则化减小了边缘效应，对生态环境有不利影响，也使岸线失去自然美感，减少了人类近水、亲水的平台。

第三节　滨湖景观规划设计策略

一、水质方面

（一）城市中心区

城市中心区湖泊水质在人类城市建设的过程中大多被不同程度地污染，所以中心城区湖泊景观的设计在水质方面应多考虑水体污染的治理和防护。

1. 营养负荷控制技术

(1) 外源营养负荷的污染控制技术。

外源性营养物质是外界排入或者进入湖泊水体的氮磷等营养物质，是导致湖泊富营养化的直接因素。所以，针对湖泊的富营养化治理，控制污染物进入水体是关键环节。只有实现对外源性污染源的控制，才能有望通过湖泊生态恢复改善水质。对于外源性污染通常采取的措施有截污、污水改道和污水除磷。

其技术主要有前置库技术和湿地处理技术。

①前置库技术：是让污水进入湖泊前通过前置库，以延长水力停留时间，促进水中泥沙及营养盐的沉降，同时利用前置库中的藻类或大型水生植物进一步吸收、吸附、拦截营养盐，使营养盐成为有机物或沉降于库底。该技术的关键除了需要足够的场地外，还要控制80%左右的入流水和可达到

一定去除率的水力停留时间。其优点是费用较低,适合多种条件。缺点是在运行期间,前置库区经常出现水生植物的季节交替问题。因此,前置库技术的主要技术难题是植物的选种及如何保证寒冷季节的净化效率。此外,前置库的净化功能往往与河流的行洪功能矛盾,所以还要寻求一种将两者有效协调的方法。

②湿地处理技术:湖滨湿地和入湖河道堤岸湿地是拦截非点源污染的有效措施,也是污染物进入湖泊的最后一道拦截屏障。湖泊沿岸湿地和滨岸带高等水生植物的消失,将加重湖泊富营养化。因此,恢复和重建湖泊滨岸带水生植被,从而改变氮、磷等营养物质的入湖途径,也是控制营养物入湖的重要措施。

(2) 内源营养负荷的污染控制技术。

我国的湖泊以浅水湖泊为主,风浪导致底泥悬浮,把大量底泥中含有的氮磷等内源性营养物质释放进入上覆水中。沉积物释放营养盐,所以即使控制了所有外源污染,仍然无法在短期内把湖泊营养负荷降下来。所以内源营养盐负荷控制成为治理浅水富营养化湖泊的关键。技术方法主要有机械方法、物理化学方法和生物技术方法。

①机械方法:通过引水、换水来稀释水中的污染物质,进而降低藻类的浓度。

②物理化学方法:物理化学方法包括沉积物氧化、化学沉淀和底泥覆盖等,原理是将磷束缚于底泥之中,从而抑制内源磷的释放。

③生物技术方法:对于小型湖泊,投加微生物制剂,利用其降解作用去除水中的营养盐,这种方法有一定的效果。水中的溶解氧大幅增加,而化学需氧量、总氮、总磷等则明显降低;随着水体中藻类的减少和下沉,水体的浊度明显下降,水质感官得到改善。无论大型或小型湖泊,水生植物都能够通过一系列的吸收转化、拦截、富集以及吸附作用吸收、固定大量的营养盐类,从而使水体得到净化,如生物浮岛或浮床技术把高等水生植物或改良的陆生植物种植到富营养化的湖泊水面上,利用其达到净化水质效果。

2. 直接除藻技术

直接除藻技术有物理除藻、化学除藻和生物除藻。

①物理除藻:在蓝藻的富集区,一般采用机械除藻措施,即采用固定式除藻设施和除藻船对区域内湖水进行循环处理。

②化学除藻:目前,国内外普遍采用絮凝、抑制和综合方法进行化学除藻,它是利用化学药剂对藻类进行杀除。

③生物除藻:生物除藻技术是利用生态平衡等原理对藻类的生长和繁殖进行抑制,从而达到控制藻体数量的目的。其原理是利用藻类的天敌及其产生的生长抑制物质来抑制和杀灭藻类。这类技术主要有以下几类:以藻制藻,用藻类病原菌抑制藻类生长,利用病毒控制藻类的生长,利用植物间相互抑制物质抑制藻类,发展滤食性鱼类,水蚤除藻,大麦秆控制水华藻类,微生物絮凝剂除藻和生物接触氧化等。

3. 生态修复技术与生态工程

生态修复技术与生态工程有湖滨带湿地恢复和人工湿地系统。

①湖滨带湿地恢复:在湖泊周边建立和修复水陆交错带,是整个湖泊生态系统恢复的重要组成部分。湖滨带是湖泊的重要组成部分和最后的保护屏障,加强管理和重建湖滨带工程是湖泊环境保护的重要工作。湖滨带湿地恢复应该选取当地生长适宜性强、污染物净化能力较强、经济价值较高以及与周围环境协调性好的植物。湖泊周围一般有很多坑塘或藕塘等,可改造为湿地净化系统,增设配水和排水系统。

②人工湿地系统:人工湿地系统是利用天然湿地净化污水能力的人为建设的生态工程措施,是人为地将石、砂、土壤、煤渣等材料按一定的比例组成基质,并栽种经过选择的水生植物、湿生植物,组成类似于自然湿地状态的工程化湿地状态系统。

(二)城市发展区

发展区湖泊位于城市建成区内,中心区之外,人的活跃度相对较低,周边尚未完全建设开发,水体污染较小。湖泊的景观设计策略主要以保护水体为主,构建以水生和湿地植物组成“植物—动物—微生物”的良性生态循环环境,完善水体的自净过程。

(三)城市郊区

城市郊区湖泊景观要尊重现有的自然条件,设置湖泊植物缓冲区,保护

水体。

二、水量方面

(一) 城市中心区

城市中心区的湖泊景观基本建设完成,各项渗水、蓄水、排水设施配备齐全,水量处于动态平衡状态,湖泊是城市重要的海绵体。

城市中心区湖泊景观设计策略主要为将各种水体连通,网络联合。江湖之间、湖渠之间、湖湖各斑块之间建立生态廊道,促进能量、生物的交换,使湖泊生态系统能够抵御外在威胁,自我调节水量。

城市湖泊景观与所有其他生态因素一起发挥着维系城市生态安全的作用,共同担当城市的生态基础设施构建重任。湖泊同江、河、渠、山、城市绿地、农用地、林地、灌草地等要素联合起来,形成“基质—斑块—廊道”的网络。

(二) 城市发展区

城市发展区的湖泊景观设计要运用LID(低影响开发理念)原则,使经过人类建设场地的前后水文特征保持不变(图3-5)。

1. 道路景观设计

道路定位层上铺设透水基层,主要以砂砾、碎石为主,起到渗水、过滤、净水的作用;利用网格铺设的模式架设导水性能良好的PP塑料管道;铺设透水面层,主要材质有透水砖、透水混凝土和透水沥青等。

2. 生态廊道

生态廊道是隔离以及联系滨水空间里的各个生态斑块,设计不一样的生态廊道能促使不同生态系统实现有效结合,继而创造规模更大、更加多样化的生态环境体系,为循环利用水资源以及生物的迁徙提供更多便捷。

打造分级雨洪净化湿地:把湖泊、沿河径流、低洼地以及水塘规划到生态廊道范围内,并归入整个净化系统以及雨洪调蓄系统中,可以有效缓解城市内部的洪涝风险,并且还能给河道景观提供用水。

在修建自然驳岸的过程中,重点恢复水体的自净能力以及生态状况。

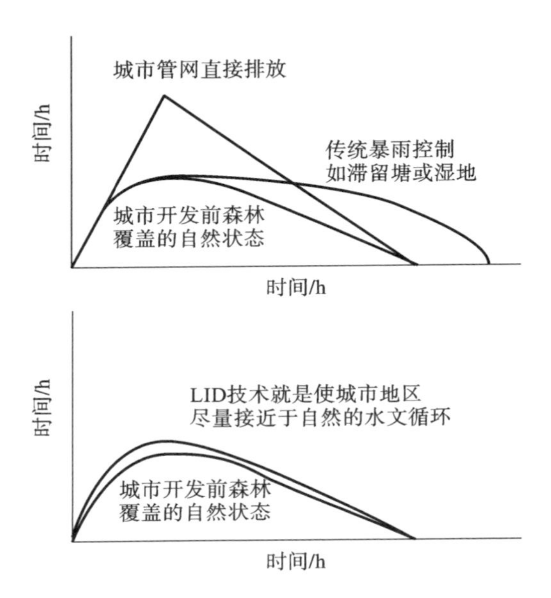

图 3-5　传统城市雨洪管理措施与 LID 措施水文特征对比图

将城市里休闲游憩的空间与湖泊生态环境的空间紧密结合起来，创建连续不间断的慢行网络，同时积极改造断面形式。

3. 植物配置

充分考虑区域季节性降雨特点，优先利用植物性能和合理搭配，增强水源涵蓄能力。

结合城市滨水区域的地质、水质、环境等因素，选择最适合生长的绿化树种，并且在搭配植物组团时不仅要确保美观，还要严格遵循植物的自然生长规律。

合理安排地被植物、灌木植物、乔木植物等的组合比例，若滨水区域的水位高，种植的植物必须要具备良好耐涝性，以便在强降雨的时候能够及时收集雨水，同时还要具备良好的渗透性能，避免造成积水，植物的根系还要足够发达，在遇到水量大的时候能够发挥引水下地、缓解内涝的作用。

（三）城市郊区

城市郊区湖泊景观要尊重现有的自然条件，保护水体。

三、水体形态方面

（一）城市中心区

把湖泊、沿河径流、低洼地以及水塘等通过水网连接起来，解决城市湖泊水体形态破碎化的问题。

城市湖泊是微观开放空间的重要组成部分，城市中心区湖泊景观设计应与城市开放空间系统建设统一考虑。

具体的湖泊景观设计有岸线设计、水位设计和建筑及视廊设计等方法。

1. 岸线设计

湖泊水体形态丰富多变，所以在设计湖面景观时，以大的湖面为主，并利用曲折有致、变化多端、风光环绕的湖岸，设计出条形、片形、流线型等不同的水体形态，丰富水脉景观（图 3-6）。

图 3-6 自然生态岸线

2. 水位设计

环境心理学表明较高的水位有丰满感，使人觉得亲切，而在离湖岸地面

1 m 以下的低水位则有枯竭感，湖泊水位的高差不宜过大，一般以 0.3～0.8 m为宜。湖泊水位的高低还应考虑周边道路、建筑等对临水水位的影响，如道路设计要求中就规定临水道路的高程应高于水面。如图 3-7 为较适宜的人工岸线设计。

(a)

(b)

图 3-7　人工岸线

3. *建筑及视廊设计*

建筑及视廊设计应控制引导建筑景观，控制建筑的体量、高度、色彩、风格、组合形式等，保证建筑与自然景观间的融洽关系。要保证视域的通达，必须要考虑四个方面的要素：其一，控制湖岸建筑高度与湖面的空间尺度关系；其二，临水建筑保持连续的界面，形成完整的水域空间；其三，确定某些主要景观走廊边界，保证景观视线在通过建筑时，不会歪曲和阻挡景观形象，以实现湖泊景观资源的共享性；其四，要控制建筑的风格、色彩和体量。

(二) 城市发展区

设置城市湖泊水体缓冲区，限制硬质驳岸的建设，对湖泊现有形态进行

保护。

（三）城市郊区

尊重现有的自然条件，对现有水体形态进行保护。

第二篇

滨水景观规划设计导则

第四章　滨水景观规划设计要点

深厉浅揭

过犹不及

涉浅水的时候可以撩起衣服，涉深水的时候撩起衣服也没有用，只得连衣服下水。在滨水空间的构建过程中应因地制宜，选择符合场地特质的设计要点整合转化，注意过犹不及。

谈到滨水景观的规划设计，有诸多热点需要提及，它们既体现了人们的需求，也代表了当前时代的一种趋势。

每一处滨水空间都有着独特的地域特征，滨水空间的设计要求在解决当下人们最关注问题的同时，也要符合场地特质。

本章选择了当下城市滨水空间规划设计中最常采用的设计要点，分门别类地进行归纳与总结，并结合案例详细阐述。

第一节　活动多样性

活动的多样性可体现在空间与时间两个层面。一方面，由于空间功能的不同，人们可以在不同的空间体验不同的活动类型；另一方面，同一空间的时空交错使用也能创造不同的活动类型，如日常活动与节假日活动的不同。

除了满足人们日常的交往、休闲、娱乐活动外，亲水活动也是滨水景观的一大特色。因此，滨水景观的活动多样性可理解为活动类型在空间和时间上是多元化的，特别是亲水活动的多元化。

（一）城市T台·上海徐汇滨江生态绿道景观概念设计

1. 项目概况

设计公司：SWA事务所。项目地点：中国上海。设计时间：2016年。

项目以生态为基底，在修复水域生态环境的同时，也创造了丰富多彩的活动空间。这样让人们在极富生态性的滨水空间中开展各种各样的活动，在活动中体验滨水乐趣、学习生态知识，向心目中的理想生活逐渐靠拢。

2. 设计策略

该案例充分体现了滨水景观在空间上的活动多样性，其规划鸟瞰图如图 4-1 及图 4-2 所示。

图 4-1　规划鸟瞰图(西南角)

图 4-2　规划鸟瞰图(东南角)

项目位于上海黄浦江湾，以提升市民生活品质、滨水生态健康为目的，力求打造西岸理想生活实验室。因此，项目主要分为四个功能区：雨水实验室、植物实验室、城市 T 台实验室以及绿色脉动实验室。每个区块对应不同的功能，前两者主要是生态功能，后两者为市民提供不同的活动体验，既有独具特色的亲水活动，也有其他种类的创意活动。根据活动与水的关系，可分为以下两大类。

(1) 和水有直接联系的活动(必须依靠水才能进行的活动)。

方案策划中，该类活动包括河岸垂钓，在漂浮餐厅里进行水上餐饮活动、水上运动，如水上游艇(图 4-3)、水上足球(图 4-4)、木舟等，以及通过亲水阶梯进行戏水(图 4-5)等活动。

(2) 和水有精神联系的活动(离开水也能进行的活动，但在水边进行会有更好的体验感，水带给了人们精神上的愉悦)。

该类活动包括在海绵示范区进行科普教育(图 4-6)，在亲水栈道上水边漫步，在亲水平台上观赏江景(图 4-7)以及在水边进行野炊(图 4-8)等活动。

图 4-3　水上游艇

图 4-4　水上足球

图 4-5　亲水阶梯

图 4-6　海绵示范区

图 4-7　亲水平台

图 4-8　水边野炊

(二) 遂宁河东五彩缤纷路北延滨江景观带设计

1. 项目概况

设计公司:AECOM 事务所。项目地点:中国四川遂宁。

项目不仅考虑到了活动在空间上的多样性,不同的空间可以体验不同的活动,而且考虑到了时间上的多样性,为节庆大型活动充分预留了场地,更好地诠释了活动多样性的概念。

2. 设计策略

该案例充分体现了滨水景观在时间上的活动多样性(图 4-9)。

图 4-9　规划鸟瞰图

项目位于四川省遂宁市,该市正在打造市域范围内的生态田园市和城市范围内的现代花园城。因此,对该项目提出了明确的要求:应围绕水生态来做文章,打造西部水都,形成现代花园城的基本构架。所以方案将水引入场地内部,使水系贯通基地,打造了广阔的滨水界面,并围绕“水”,设计和策划了一系列亲水活动。根据活动与水的关系以及时间上的不同,可分为以下四大类。

(1) 和水有直接联系的活动(日常时间)。

在平时,可进行游船体验、水上餐饮、水上集市、游泳(图 4-10)等活动。

(2) 和水有直接联系的活动(节庆日时间)。

在节庆日,根据节日的不同也策划了相应的活动,比如端午节,可在水上开展龙舟比赛(图 4-11),仲夏节可进行花舟巡游。

(3) 和水有精神联系的活动(日常时间)。

在平时可进行的该类活动包括野趣缤纷、湿地观光、栈桥漫步以及观景等活动。

图 4-10　游泳

图 4-11　龙舟比赛

（4）和水有精神联系的活动（节庆日时间）。

节庆日之时，可举办滨江马拉松大赛（图 4-12）、沙滩排球赛（图 4-13）、徒步体验赛、滨水音乐节（图 4-14）、风筝节（图 4-15）、亲子活动日、中元节灯会以及四季花会等活动，方案为这些活动都预留了空间，以保障各类大型活动的开展。

图 4-12　滨江马拉松大赛

图 4-13　沙滩排球赛

图 4-14　滨水音乐节

图 4-15　风筝节

第二节 场地可达性

可达性是指从空间中任意一点到该场地的相对难易程度，即场地“被接近”的能力。它既包括行动上的可达，如依靠一定的交通硬件条件抵达场地，也包括心理上的可达，如人们认为该场地是可达的或该场地具有足够的吸引力，吸引人们接近它。

滨水景观由于水的存在，具有特殊性，对其场地可达性的理解可从以下两个方面深化。一方面是阻力增加：水的存在可能会使两岸隔离，产生阻隔作用，使人们到达对岸滨水区域的难度增加。同时，滨水区域地势往往比周边更低，也需要克服一定的地势高差问题。另一方面，滨水景观的最大特色是亲水，因此，可达性还应包括“可到达水边的难易程度”。

（一）上海苏州河两岸规划

1. 项目概况

设计公司：Sasaki。项目规模：159 公顷。设计时间：2016 年。

通过规划改造，不仅从行动和心理两个方面增强了苏州河滨水区域的可达性，而且构建了从城市向滨水区的视线通廊，并且利用生态恢复的手段，恢复了苏州河的原生栖息地，改善了环境质量，使得苏州河重新焕发了活力。

2. 设计策略

该案例使原本割裂的滨水两岸重新相连，并增强了人们的亲水性（图 4-16）。

项目位于上海市静安区，项目规模为 159 公顷。在过去，苏州河两岸分别属于两个行政区，河流作为天然壁垒将两个区域分开，两岸割裂（4-17）。加之水污染，苏州河逐渐被人们遗忘，滨水区域无人问津。无论是从行动可达性还是心理可达性而言，都是极弱的。2015 年，两个行政区合并，为滨水区域的建设发展带来了契机，也提出了挑战，其中场所可达性是一大挑战。为增强场地的可达性，建设理想的滨水空间（图 4-18），方案主要采取了以下四大策略。

图 4-16　规划鸟瞰图

图 4-17　苏州河的过去和未来

图 4-18　滨水示意图

（1）采用“后推”“引入”“对接”等方式拓展滨水区。

首先将线性景观“后推”入相邻社区，以便作为纽带将人们导向滨水区域（图 4-19），然后将商业与文化功能“引入”滨水区域，增强主街向岸线的导向性（图 4-20），最后通过桥梁“对接”两岸，帮助行人克服现有空间屏障，如堤防系统，促进两岸互动（图 4-21）。

（2）加强与邻近公共区的联系，使原本被隔离的区域重新焕发活力。

通过与附近上海火车站以及 M50 创意园区的连接，使得两个公共区里的大量人流更加方便地抵达滨水区，给滨水区带来人气（图 4-22）。

（3）增加公共交通基础设施支持，使居民和游客轻松抵达场地。

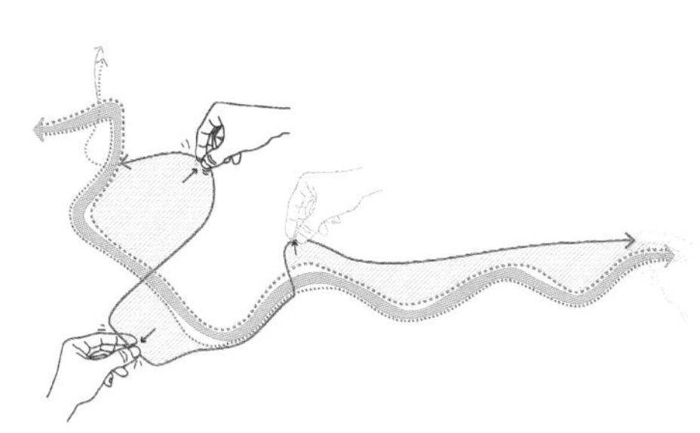

图 4-19 景观“后推”

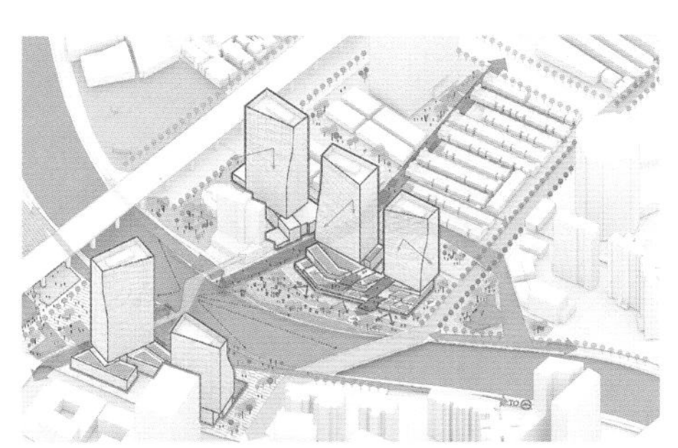

图 4-20 引入商业和文化功能

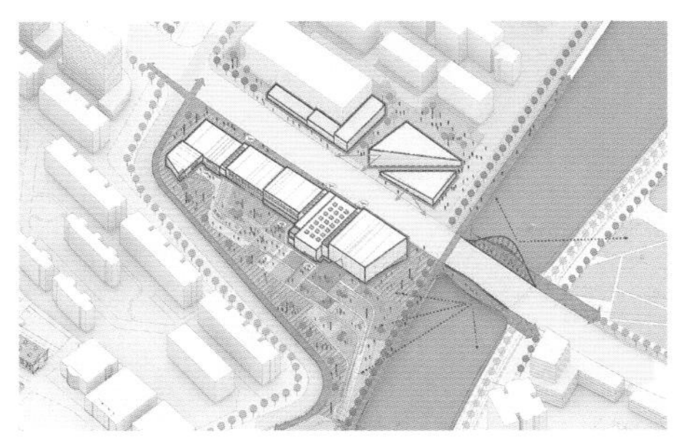

图 4-21 桥梁“对接”

图 4-22 连接邻近公共区

地铁 1 号线、8 号线、10 号线、12 号线和 13 号线等线路的运营，极大地改善了苏州河周边居民日常的交通出行，使得苏州河成为一个轻松可达的滨水目的地。

(4) 改造防洪墙，建立可观赏水景的共享路径，提高吸引力，增强亲水性和心理可达性。

现状防洪墙不仅遮挡住了人们的视线，而且破坏了亲水性。方案通过抬高路面、防洪墙后移、高架路面、漂浮路面等方式建立了一条亲水的共享路径，使得人们可轻松地到达水边(图 4-23)。

(二) 湖北宜昌运河公园

1. 项目概况

设计公司：土人设计。项目规模：12 公顷。设计时间：2009 年。

方案不仅巧妙解决了场地的可达性问题，而且策略之一的高架廊桥也

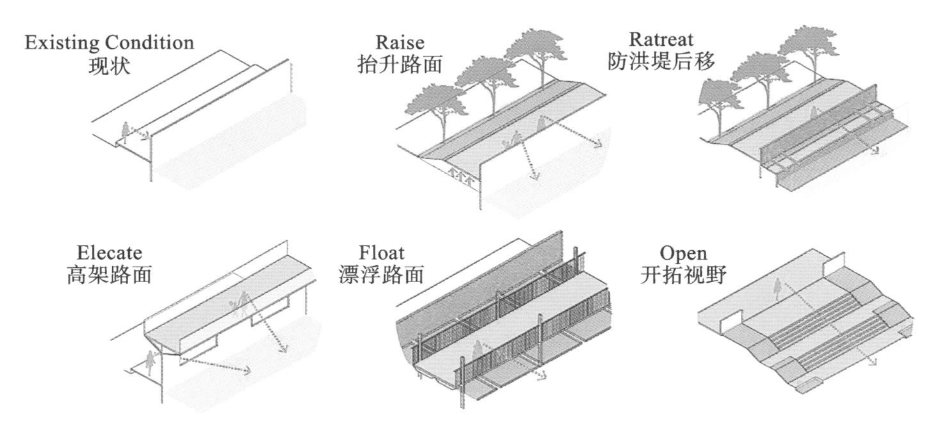

图 4-23　防洪墙改造

成为公园的一大特色与地标性构筑物。此外，公园还运用了生态修复的手段，使之成为城市的一处绿色海绵体，净化被污染的运河水体，缓解城市内涝，同时为周边居民提供了别具特色的休憩空间(图 4-24)。

图 4-24　鸟瞰图

2. 设计策略

该案例巧妙地化解了场地高差问题。

宜昌运河公园位于宜昌市的城东生态新区，地处丘陵地貌的低洼地。北侧为宜昌运河，南侧为城市道路，西侧邻高架铁路桥。因这块用地不宜用来开发，所以作为新城的公园用地。然而，场地中心区与周边城市建设用地存在着 10 m 左右的巨大高差(图 4-25)，使公园的可达性成为一大挑战。为增强场地的可达性，方案主要采取了以下三大策略。

图 4-25　基地原貌

(1) 斜坡式入口,满足特殊人群的可达性。

方案不仅考虑到了普通人的可达性,而且照顾了特殊人群,尽管有 10 m 的高差,设计方案仍然顺利地将残疾人坡道引入公园,保障残疾人也能顺利进入公园,以此满足特殊人群的可达性要求。

(2) 高架廊桥,巧妙利用和化解场地高差。

方案利用这 10 m 的场地高差,设计了一座高架廊桥,不仅把人们从城市道路顺利引入公园,而且给游人营造了一种独特的体验(图 4-26)。

图 4-26　高架廊桥

(3) 尽可能创造多个入口。

基地南侧的城市道路是基地与城市的主要连接口，因此在公园南侧依次设计了5个出入口。除此之外，方案还在其他三侧均设计了至少1个出入口，确保人们能从各个方向都进入公园(图4-27)。

公园建成实景如图4-28所示。

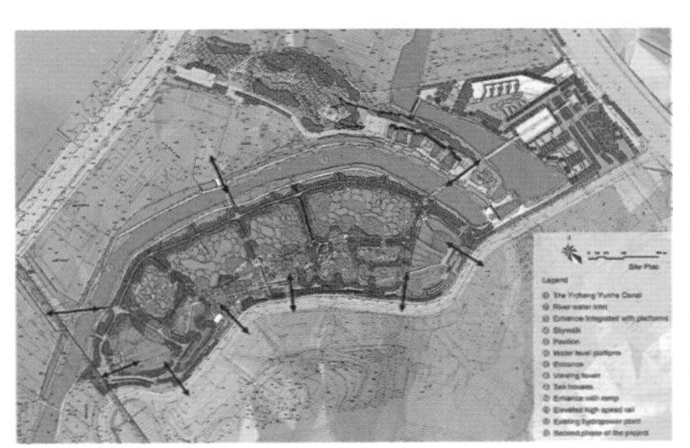

图4-27 多个出入口

图4-28 公园实景

第三节 场地弹性

弹性最初是物理学上的一个概念，是指物体受到外力作用后发生变形，外力去除后，物体的变形能得到一定程度恢复的性能。能恢复到原状的叫弹性变形，不能恢复到原状的叫非弹性变形。它能解释一个物体抵御外力影响的能力及恢复能力。

风景园林学引进该概念后，特指环境抵御自然灾害(台风、地震、洪涝、干旱等)的能力及受到自然灾害后的恢复能力。

滨水景观极易受到洪涝(包括暴洪和风暴潮、海平面上升)的威胁。因此，滨水景观的场地弹性体现在其应对自然灾害，特别是对洪涝的抵御力和恢复力上。

(一) 金华燕尾洲公园

1. 项目概况

设计公司：土人设计。项目规模：26公顷。所获奖项：2015年世界建筑节年度最佳景观奖。

项目成功探索了弹性景观的设计途径，通过与洪水相适应的生态防洪堤设计、栈道和步行桥设计、百分百的可透水性铺装以及适应季节性洪涝的乡土植被，增强了公园应对洪水时的适应力以及灾后的恢复力。其富有历史和文化韵味的步行桥沟通了南北两岸，成为社区纽带，并延续了地方文脉。公园建成后，燕尾洲公园也成为金华市的一张新名片(图 4-29)。

图 4-29　鸟瞰图

2. 设计策略

该案例充分体现了滨水景观在抵御洪水方面的适应力及恢复力。

项目位于浙江省金华市金华江、义乌江与武义江三江交汇处(图 4-30)，三面临水，与城市隔江相望。由于受季风性气候的影响，每年雨季被水淹没。为了防洪，基地内已修建了 20 年一遇和 50 年一遇的两道防洪堤，但是却破坏了公园的亲水性。因此，如何应对洪水，是高堤防洪还是与洪水为友，成为该场地的首要挑战。在过去，防洪和亲水二者是不可兼得的，但该项目采用了以下四大策略，不仅实现了公园在应对洪水方面的场地弹性，而且增强了公园的亲水性。

(1) 砸掉防洪堤硬岸，改造成多级可淹没的梯田种植带。

方案将公园范围内的防洪硬岸砸掉，应用填挖方就地平衡原理，将河岸改造为多级可淹没的梯田种植带(图 4-31)，增加了河道的行洪断面，减缓了

图 4-30　基地位置

水流的速度，缓解了对岸城市一侧的防洪压力，也提高了公园邻水界面的亲水性。

(2) 修建与洪水相适应的栈道与步行桥。

栈道为 5 年一遇的洪水高度，使人们在枯水期能与水亲密接触(图 4-32)，可被洪水短时淹没(图 4-33)。步行桥的主要桥体为 200 年一遇的洪水高度，以确保在特大洪水时都能通行(图 4-34)。与公园相连接的部分设计为 20 年一遇洪水高度，以适应洪水对湿地的短时淹没。

图 4-31　梯田种植带

图 4-32　枯水季节

(3) 实现基地内百分之百的可透水铺装。

除了水弹性的河岸之外，场地也采用百分之百的可下渗覆盖。包括大

图 4-33　洪水季节・梯田

图 4-34　洪水季节・步行桥

面积的沙粒铺装作为人流的活动场所，与种植结合的泡状雨水收集池，和用于交通的透水混凝土道路铺装和生态停车场，实现了全场地范围内的水弹性设计。

（4）保留原有植被，以适应季节性洪涝。

保留了场地内原有的杨树、枫杨等可适应季节性洪涝的乡土植被，增强公园对洪水的适应性。

（二）纽约斯塔顿岛防浪堤设计

1. 项目概况

设计公司：SCAPE。设计时间：2013 年至今。所获奖项：2015 年“为重建而设计”竞赛优胜奖。

该项目不仅有效解决了海平面上升的问题，而且恢复了一些海洋生物的栖息地，增强了生态系统的稳定性。并且“有生命的防波堤”系统是可复制的，能被其他场所借鉴。最后，项目也通过教育和鼓励人们参与，使之更有可持续性。

2. 设计策略

该案例充分体现了滨水景观在应对海平面上升方面的抵御能力。

项目位于美国纽约市斯塔顿岛托滕维尔地区（图 4-35），项目范围涉及 4 km长的海岸线。由于 2012 年“桑迪”飓风登陆纽约，给城市造成了很多损害，为了修复受损的景观建筑，美国城市住宅开发机构举办了一场名为“为重建而设计”的竞赛。该项目是竞赛中的其中一项，名为“有生命的防波堤”，

旨在恢复地区生态活力，并且能有效应对因气候变化而造成的海平面上升问题，保护纽约市安全。为了实现以上目的，方案主要采取了以下四大策略。

（1）分层的防波堤设计，以降低海浪高度。

“有生命的防波堤”是一个由生态工程混凝土构成的分层防波堤系统（图 4-36），它并不将海水阻隔在外，而是减缓水流速度，降低海浪冲击。科学家利用 ADCIRC/SWAN 风暴潮和波浪模型系统对该策略进行了测试，显示在超级飓风“桑迪”期间，防波堤能够将海浪高度降低 0.9～1.8 m。

图 4-35 项目位置

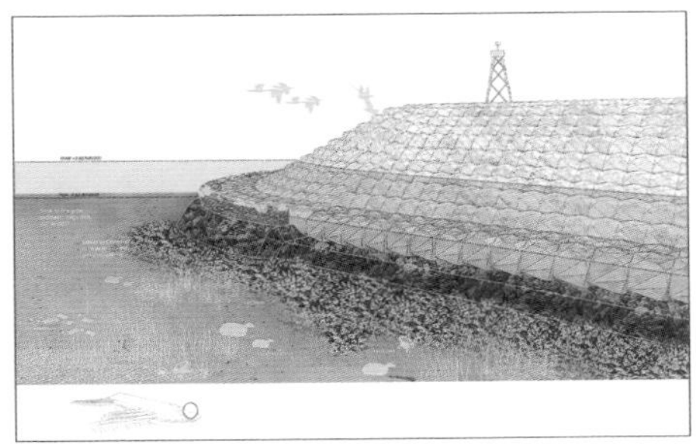

图 4-36 分层防波堤

（2）重建牡蛎及其他贝类的栖息地，以减少波浪。

方案设计了一种名叫“礁石街道”的栖息地，是一种复杂的微型口袋，用来养殖鱼类、贝类和龙虾（图 4-37）。而重新恢复活力的牡蛎种群将有助于强化礁石系统，适应气候变化和海平面上升，并且其生物特性能促使碳酸钙沉积，从而巩固并延长防波堤的使用寿命。

（3）利用浅水景观来稳定海岸和重建多样化的栖息地。

丰富沿岸景观，利用植被的根系来稳定海岸，并且沿岸的植被也为鸟类创建了栖息地（图 4-38）。

（4）海港课堂，教育和鼓励人们加入海岸线的建设与管理中，使得场地弹性更具可持续性。

海港课堂包括水产养殖教育、牡蛎恢复监测、水质检测和海洋通识教育，以帮助培养潜在的项目管理人员（图 4-39）。海港课堂也开发出了一系列独特的教学工具，包括制图、海岸考察、专家研讨和模型制作等，以期望和大家构建共同的未来。

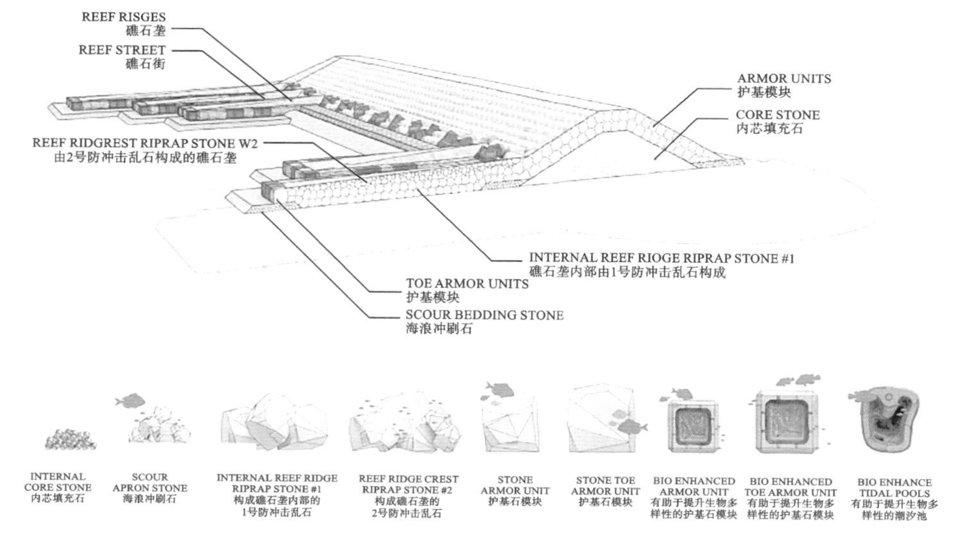

图 4-37　礁石街道

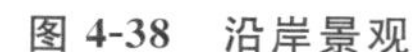
图 4-38　沿岸景观

图 4-39　海港课堂

第四节　景观动态

景观动态是指景观在各种内外部驱动因素作用下，其结构和功能的变化过程与特征。

景观动态在滨水景观设计中可以进行以下分类。

1. 静态景观显露动势

由于形象的视觉呈现不稳定因素给人心理造成了动态感觉。

2. 景观景象的动态

①自然要素:水的流动与侵蚀、冰川的侵蚀和搬运、生物的演变等。

②人为要素:驳岸动态处理、动态水景观的营造、技术因素等。

(一) 纽约弗莱士河公园

1. 项目概况

设计公司:詹姆斯·科纳事务所。项目规模:900 公顷。区位:美国纽约。

弗莱士河公园有五个主要区域:集会区、北公园、南公园、东公园和西公园(图 4-40、图 4-41)。每个区域都有其鲜明的特征和规划程序。其中,既包含有各生物领域的健康生态过程,又包含了人类对未来公园的期望,以艺术与文化相结合的新生态公园景观反衬旧的浪费、消耗和无止境运作的历史。

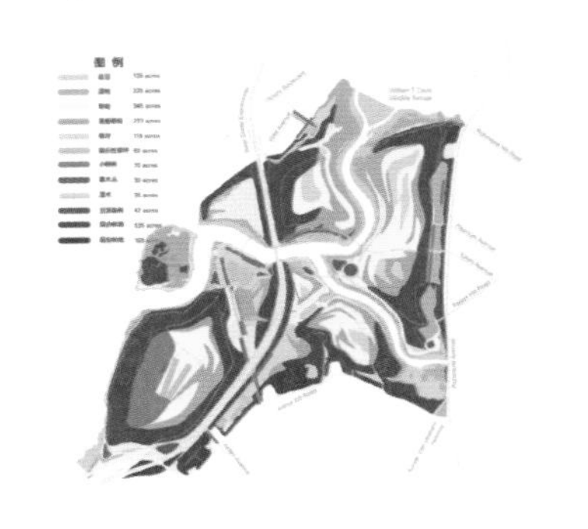

图 4-40 总平面图

图 4-41 鸟瞰图

2. 设计策略

该案例通过生态恢复措施营造了动态的植物景观。

美国弗莱士河公园是世界上较受关注的公共工程之一。1948 年,占地约 9 平方千米的弗莱士河作为垃圾填埋场启用,50 多年来一直是纽约最主要的固体生活垃圾填埋场,也是世界上最大的垃圾填埋场。

2001 年,詹姆斯·科纳事务所计划对这个垃圾填埋场进行规划,创新性地计划将其转变为集休闲娱乐、文化教育等为一体的社会性公共生态景观公园(图4-42),并作为纽约市最大的城市公园。计划全部工程完工需30年。

图4-42 公园内部活动规划示意图

弗莱士河公园的设计理念是“lifescape”,为life和landscape的合成词,包含两层意义,既预示项目将在场地上重塑一种有生命力的景观,又寓意计划在实施中持续的动态过程(图4-43)。它不仅包含环境修复、垃圾隔离、物种多样性培育等生态过程,还融合了人们未来使用公园的想象力和创造力。

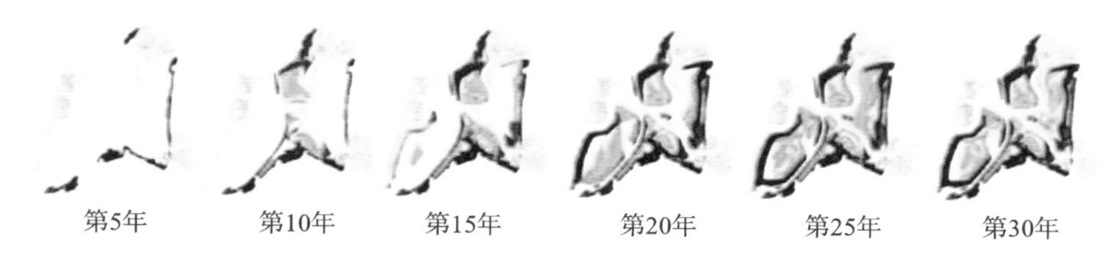

图4-43 弗莱士河公园景观演变图

垃圾填埋场的占地面积之大、问题之复杂意味着弗莱士河更新计划将是一项长期项目。公园的项目周期预计为20～30年,考虑到建设时序性与

现状场地分区，该项目共分为三个阶段，每一阶段对应明确的完成目标。经历一系列连续的生命景观复育与清晰的综合发展规划，弗莱士河将成长为一个拥有成熟生态脉络、可持续且充满活力的生活公园（见图 4-43）。

（二）碧山宏茂桥公园

1．项目概况

设计公司：Ramboll Studio Dreiseitl。项目规模：63 公顷。奖项：2016 ASLA 通用设计类荣誉奖。

该项目改造后的河道蜿蜒曲折、宽窄不一，如同自然河流般拥有多样化的流动形式与流速，塑造出极为宝贵、自然而又多元化的栖息地（图4-44），为生物多样性奠定了基础。而泛滥平原的设计为新加坡城市环境创造了一种新型的高质量公共空间（见图 4-45 至图 4-48）。而在这种亲密的接触中，人们所体验到的自然韵律与美也进一步树立了人们对保护环境的责任感。

图 4-44　碧山宏茂桥公园总平面图

图 4-45 鸟瞰图

图 4-46 夜间河景

图 4-47 河岸景观

图 4-48 休闲设施

2. 设计策略

该案例通过河道水量的大小塑造了动态的河岸景观。

20 世纪 60 年代至 70 年代，新加坡经历了快速的现代化与城市化，这一时期，城市中大量修建混凝土排水与运河系统以防范大范围的洪水。加冷河水道的几处关键位置被建设为混凝土沟渠，使得雨季时水可以快速排出。作为新加坡最长的一条河流，10 km 长的加冷河贯穿中心岛，从皮尔斯水库流向滨海水库，是城市供水体系的一部分。碧山宏茂桥公园是新加坡最受欢迎的中心地带公园之一。建于 1988 年的公园最初是为了在碧山居住新区与宏茂桥区之间形成绿色缓冲带，并提供一定的休闲娱乐空间，然而，排水管道犹如一条粗线，将公园明显地分割开来。

设计方案基于河漫滩的概念，当水量小时，露出宽广的河岸，为人们营造出一个可供休闲娱乐的亲水平台；当因暴雨河水上涨时，临近河水的公园用地可加宽河道，使水顺流而下。这一概念确保了足够的公园用地，创造出更多的交流空间(图 4-49)。重新设计的河道断面使河道通过洪水的最大宽

度从原来的 17～24 m 拓宽到现在的 100 m 左右，河水的运输能力提升了近 40%(图 4-50)。

图 4-49　河岸景观演变图

图 4-50　规划前后河床对比图

第五节　景观美学

景观设计中各组成要素和谐共生的状态。

影响水景观美学的因素主要有水体、驳岸、植被、建筑物、构筑物和道路等。

在滨水景观设计中，常根据场地的条件选择以自然景观或者以人工景观为主的美学表达方式。主要可分为以下几种类型。

以自然景观美学为主：保持水景的原生自然性，自然物通过各种感官的感受与水景观整体相结合，制造出现象美。

自然景观与人工景观美学相融：遵循顺应自然、改造自然、尊重自然的原则，创造出融合人类劳动成果的水景观，展现出城市水景观的社会美。

以人工景观美学为主：人工打造水景观的现代美。

(一)秦皇岛汤河公园

1. 项目概况

设计公司:土人设计。项目规模:20 公顷。奖项:2007 年美国景观设计师协会设计荣誉奖,2008 年国际建筑奖。

汤河公园最大程度上保留了场地原生植被,也保护了原生自然系统的生态服务。据粗略推算,汤河公园绿地每年对 SO_2 的吸收质量为 6 t,绿地的滞尘量为 218 t,吸收 CO_2 的质量为 320 t,放出 O_2 的质量为 240 t,吸收氮氧化物的质量为 7.6 t。建成后,设计师开展了相关的使用后评价调查,公园景观整体环境满意度高,“红飘带”和周围茂密的树林构成了吸引游人的大环境,它的长度与连贯性营造了一个亲切的聚会空间,后面的树林给人增加了安全感与领域性,且面对湖面,视野开阔,深受大家喜爱(图 4-51、图 4-52)。

图 4-51 汤河公园

图 4-52 汤河公园总平面图

2. 设计策略

该案例以最小人工干预的原则完美地诠释了以自然为主的景观美学。

项目位于河北省秦皇岛市汤河的下游河段,由于上游的山地和下游建有防洪蓄水闸,使本地段内的水位保持恒定,水质来源较好,是秦皇岛的一个水源地。设计地段内现状植被除部分被破坏和占用外,两岸植被茂密,水生和湿生植物茂盛。多种鱼类和鸟类生物在此栖息。

场地面临的主要问题:场地属于典型的城乡接合部,多处地段已成为垃圾场,污水流向河中,威胁水源卫生;人流复杂,空间无序,缺乏管理;房地产开发正对环境造成影响。

设计方案以最小干预的原则,保留场地的自然景观美,满足城市人的休闲活动需要,艺术性地创造了一种当代人的景观体验空间。项目主要采用策略如下。

(1) 保护和完善蓝色和绿色基底。

严格保护原有水域、湿地及现有植被,设计要求工程中不砍一棵树。避免河道的硬化,保持原河道的自然形态,对局部塌方河岸采用生物护堤措施。

(2) 最少的人工干预:一条"红飘带"。

在原生环境的保护之后,需要考虑人的介入和需求。一方面,艺术性地引导人在环境中的体验和感知,满足人游憩、休息、玩赏等各方面需求;另一方面,需要降低人类活动对自然的扰动。绿林中的"红飘带"这一线性景观元素,通过人的流动、人类的活动将不同环境串联起来(图 4-53)。

图 4-53 "红飘带"效果图

(3) 城市绿色廊道:步行、非机动车系统。

沿河两岸都设有自行车道和步行道,并与城市道路系统相联系,以最少的干预增强了场地的可达性,满足必要的交通服务需求。

(二) 蛇口长廊

1. 项目概况

设计公司:SWA 事务所。项目规模:34 公顷。区位:中国深圳。

SWA 事务所设计的蛇口步行街是一个独特的社会聚会场所，表达了一种新的文化。曾经断断续续、枯燥甚至危险的海岸线步道，已经变成了一个具有社会抗御能力、著名的老一代和新一代思想交流的地方，该项目可以从邻近的城市社区获得高度的交通便利。

2. 设计策略

该案例将人工景观与自然景观结合，体现了人与自然交融的社会美。

蛇口长廊位于深圳市南山区。深圳自改革开放以来的迅速城镇化带来经济发展的同时也带来了其他问题，其过时的工业海岸线断断续续、枯燥，甚至对于市民来说是危险的，并且深圳的公共领域缺少能够吸引新兴人口的公园和设施。随着对深圳未来几代人的吸引力和宜居场所价值的日益认识，深圳希望将其过时的工业海岸线改造为公共滨水区。

蛇口步行街是一个独特的社会聚会场所，表达了一种新的文化。也完美地体现着深圳城市建设过程中人工与环境完美融合的美学。SWA 事务所的设计策略主要有以下几点。

(1) 全新设计的现代感十足的回廊(图 4-54)。

图 4-54　现代人工回廊效果图

(2) 植被花卉与人工景观结合(图 4-55)。

(3) 融合蛇口工业痕迹的“钢铁灯塔”群(图 4-56)。

(4) 三道分流：分别设置了专用自行车道、跑步道、观光步道，并与公共设施结合设计(图 4-57 至图 4-60)。

图 4-55　观光步道

图 4-56　钢铁灯塔

图 4-57　滨河步道

图 4-58　跑步道

图 4-59　自行车道

图 4-60　座椅设施

（三）港口城市更新

1. 项目概况

设计公司：HENN。项目规模：51 公顷。区位：韩国统营市。

2. 设计策略

该案例体现了完全由人工主导的现代景观美学。

该项目位于韩国的统营市新区 Camp Mare。该场地原为造船厂遗址，设计团队通过对这几个工业遗产的再次利用，同时加入一系列新的建筑和设施，打造出全新的集工艺、旅游、研发和生活于一体的城市中心。

Camp Mare 场地北边邻水，而南边毗邻风景如画的 Mireuk（弥勒山）。设计团队构想了两个直线型的海滨扩建地带，并涵盖曾经的造船厂地区，将南部的山地景观通过两个公园与海滨区域相连。整个项目分为 5 个不同的区域，每个区域都有自己的特点，由不同的设施和建筑构成，它们将整个热闹的公共海滨地带连接起来。

统营市一直作为制造型城市存在，这也成为 Camp Mare 项目设计的出发点。该项目融入了城市的传统工艺、烹饪文化和造船传统，并通过引进新技术、研究设施、文化活动、旅游景点等，重新激活这一片海滨生活。该项目设计融入了诸多现代化的建筑与表现方式，打造了一系列充满现代感的滨水景观（图 4-61 至图 4-65）。

图 4-61　鸟瞰图

该规划还包括"12 所学校"项目，这些学校将成为推动创新的标识，为整个城市和地区创造一个全新的工业生态系统（图 4-66）。每个区域内都包含

图 4-62　总平面图

图 4-63　学校效果图

图 4-64　鸟瞰图

图 4-65　河岸景观

多所学校，每所学校的教育都将关注工业循环的各个阶段：研发、设计、生产、测试、营销和销售。Camp Mare 最终将成为统营市一块五彩缤纷、充满活力的新区，将为城市的再生与未来发展奠定基础。

图 4-66　城市广场

第六节 场所精神

场所精神是人的方向感、认同感、归属感在场所中的体现,代表着场所的特性与意义。

方向感指人能够辨别方向并明确自己与场所关系的能力,其目的是使人能产生安全感。

认同感指人对环境的认可,体现在环境的特性和人本身的经历两个方面,常常体现在记忆方面。

归属感指人在情感上得到一种归属于某个特定场所的感觉。

方向感、认同感、归属感在人的认知中是一个逐步递进的过程。

设计师在营造场所精神过程中主要从自然条件、历史文脉、功能定位三个方面着手。

(一)上海世博文化公园

1. 项目概况

设计公司:Sasaki。项目规模:189 公顷。区位:中国上海。

上海世博文化公园的设计与大生态系统及周边的城市肌理紧密交织,着重修复生态环境。景观框架沿生态主轴建立,连通水岸与城市,并通过现有街道和高架步道连接东西两岸。在此之上叠加基地自身的景观特征,如具有农田肌理的特色花园、由工业厂房改建成的秀场以及世博保留场馆等(图 4-67 至图 4-69),以展示基地的多重历史。

2. 设计策略

该案例的设计师从自然条件、历史文脉和功能定位三个方面为使用者营造了丰富的场所精神。

世博文化公园位于上海浦东后滩地区,是黄浦江西岸的视觉聚焦点。在过去数百年间,这片土地经历了滩涂湿地、农田水网、沿江工业和世博基地四个阶段的变迁(图 4-70)。

场地现在面临的挑战主要有两个:一是后滩的前身为工业棕地,土壤和地下水曾受到重金属和有机溶剂的污染,世博会期间,园区内的重度污染土

图 4-67　鸟瞰图

图 4-68　生态作物效果图

图 4-69　世博文化公园内部效果图

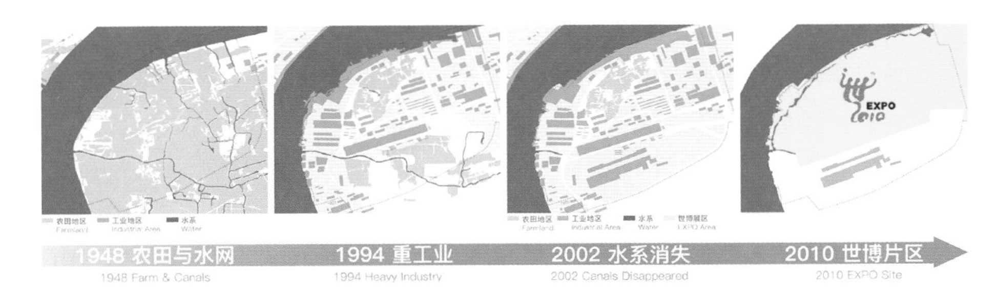

图 4-70　世博文化公园历史变迁示意图

壤被移除，中轻度污染土壤及地下水至今未经治理；二是世博会结束后场地功能的选择与景观营造。

Sasaki 的设计方案旨在挖掘世博文化公园的场所精神，为民众打造了一个独特的目的地，向上海市献礼。公园扎根于基地环境及周边的城市文化肌理，强调生态型、文化性、创新性。该设计方案主要运用以下几个策略(图4-71)。

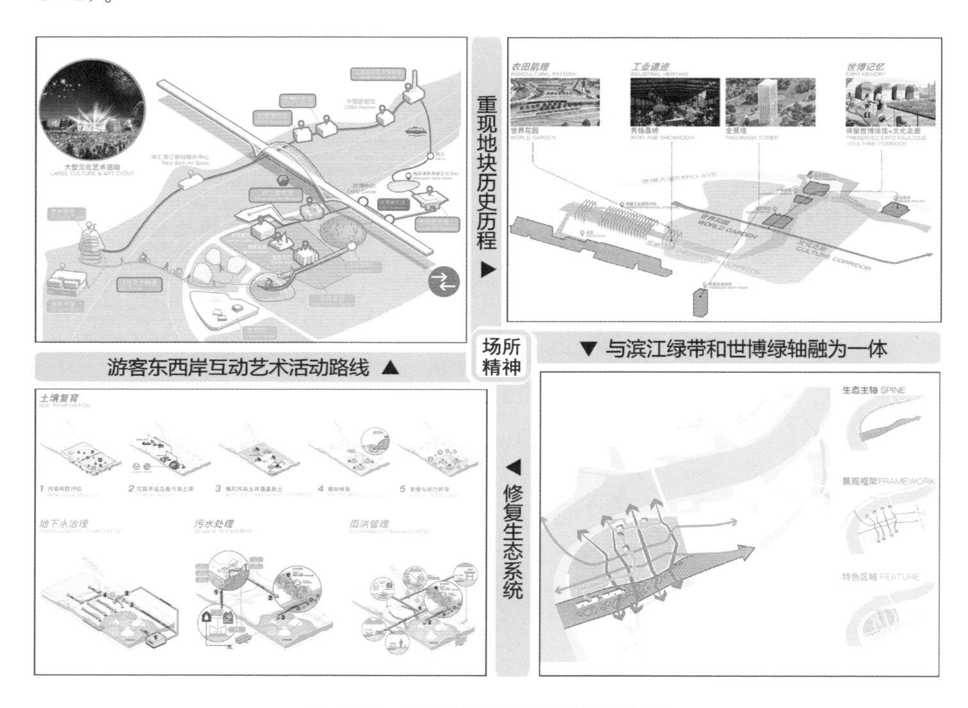

图 4-71　场所精神设计策略示意图

(1) 自然条件方面：继承场地优秀的生态景观现状，与现有的滨江绿带和拟建的世博会绿轴融为一体；景观的营造上选择本地特有的植被，突出城市特色。

(2) 历史文脉方面：继承场地的文化精华，重现场地的历史文化历程。保留部分世博场馆，四个世博保留场馆与公园中其他的特色建筑通过灵感绿廊串联，共同诠释上海不同时期的文化记忆。

(3) 功能定位方面：公园针对不同类型人群，提供多样化的出行方式和活动空间，吸引外地游客，通江走廊、文化走廊、活力走廊和自然走廊四大主题廊道支撑和串联公园的结构，连接社区花园、湿地岛屿、多彩文化区、世界花园、活力草坪、服务广场和后滩公园七个特色区域；打造上海最大的滨江

绿地，将公园的生态及慢行系统渗透到城市腹地之中；将一系列植物修复技术与空间设计相结合，修复生态系统。

（二）湖州南太湖规划设计

1. 项目概况

设计公司：Sasaki。项目规模：1312 公顷。区位：中国湖州。

Sasaki 为南太湖所做的总体规划尊重本地特色，强调场所精神，展示了农田如何有机融入周边社区并且贡献价值。项目在当代中国经济大背景下强调农业的影响，包含了现代农业生态系统的多种元素：农业相关产业的食品生产和研发，以本地农田到餐桌为特色的历史村落改造以及对一度退化严重的基地采取的生态复建措施（图 4-72）。

2. 设计策略

该案例的设计师从自然条件、历史文脉、功能定位三个方面为使用者营造了丰富的场所精神。

南太湖位于浙江省湖州市，第一产业非常发达，场地内部拥有大量的农田，地貌景观优美。场地保留了大量历史建筑，场地的历史风貌没有被破坏，历史文化底蕴深厚。

现阶段场地存在的主要问题是城市发展导致南太湖的面积日益缩小，南太湖的保护迫在眉睫。另外，怎样刺激本地的经济发展也是设计过程中要着重考虑的。Sasaki 设计的重点在于怎样保存南太湖地区的地块特色，在挖掘场地精神的同时带动经济的发展。

（1）自然条件：保留农田地貌。

设计保留基地 75%以上的原有农业土地与开放空间，用于食品生产、农业研发与景观基础设施建设。

（2）历史文脉：挖掘南太湖文化，保护历史建筑。

开发地块围绕现有聚居地布置，将历史村落肌理整合其中（图 4-73、图 4-74），在已有建筑的基础上融入独特的现代功能。

（3）功能定位：①生态功能：恢复生态系统，保护湖水；②以参与式农业带动旅游业发展；③种植试验田，促进经济发展。

Sasaki 设计了集水景观，将修复的湿地纳入系统，在提高水质的同时减

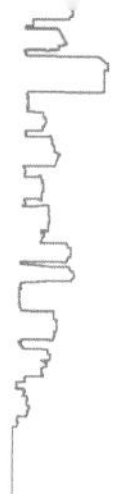

尊重场地现状，保留现状建筑肌理，新建建筑围绕原有聚居地布置，在已有建筑的基础上加入现代功能，使现代功能与古建筑相适应。

农业相关产业的食品生产和研发，历史村落改造以及对一度退化严重的基地采取的生态复建。

果园与其他季节性自助采摘田吸引周边都市区游客来访，尤其是农业旅游正蓬勃发展的上海和杭州。

图 4-72　农业生态系统建设

图 4-73　南太湖规划设计鸟瞰

图 4-74　南太湖规划设计总平面图

轻洪水威胁。广泛连接的湿地网络为农田提供营养，并形成对沉积物的缓冲，在提高水质的同时也为多种候鸟以及其他本地野生动物提供了生态栖息地。

以果园与其他季节性自助采摘田吸引周边都市区游客来访。

试验田为已经建立的生物科技与纺织工业供应研发所需的实验性作物。

第七节　生态恢复

生态恢复指的是将受到干扰或被破坏的生态环境尽可能地恢复到原有的状态。

滨水景观设计相较于其他景观设计，常常需要承担水治理的任务。不同尺度、不同地理位置的滨水景观面临的挑战也有不同的侧重点。例如在滨海及入海口河流景观中，常面临着潮汐、咸淡水交汇带来的生态威胁；在滨河景观中，常有河道淤积带来的洪涝等问题；滨湖景观则往往面临水深不足、水质污染等问题。因此在滨水景观中，需要考虑对水体、土壤、物种等进行综合治理，以恢复原有生态。

（一）米尔河公园和绿道

1. 项目概况

设计公司：OLIN。项目规模：10.52 公顷。所获奖项：2015 年 ASLA

专业奖。

米尔河公园和绿道规划实施以来，河道污染减少，人们以前乱抛垃圾的习惯也得以改正。原生植物和野生动物陆续返回这个地区，吸引了更多的游客。本项目证实了生态修复对实现城市与生态协调发展、互惠互利的必要性。

2. 设计策略

米尔河公园和绿道位于美国康涅狄格州斯坦福市。瑞普旺河流经这里，之后便汇入与大西洋相连的斯坦福湾。

上游的两座水坝和周边工业污染造成的淤积，使米尔河的水量长期不足，因此常有支流窜流及潮汐带来的海水倒灌问题，这些现象导致动植物栖息地受到严重损害，野鸭、水獭、地面筑巢的鸟类减少，鱼类也无法溯游产卵。除此之外，由混凝土砌成的、生硬笔直的河岸，也断绝了人们亲近河流的可能(图 4-75)。

图 4-75 生硬的河道

从 1997 年开始，这座城市逐步采取了一些措施，围绕着米尔河建造了 7.69 公顷的新开放空间，并恢复原来 2.83 公顷土地上原有的生态系统，重新将城市与自然联系了起来(图 4-76)。

(1) 拆除两座水坝，清理河道，使水流恢复正常。

2000 年，陆军工程兵团鼓励拆除了两座混凝土大坝，清理了河道中的清除障碍物和周边的蓄水池，使河流自 17 世纪以来首次自由流动(图 4-77)。

(2) 拆除原有的混凝土河岸，重建了浅滩、水池和河曲，以模仿河流的自

图 4-76 米尔河公园与广场

图 4-77 流动的河水

然形态。

将河岸变为砾石岸，市民可以通过小道接近河边（图 4-78）。岸边布置了岩石，以形成静水、浅滩、瀑布、游泳池等多种河岸形态（图 4-79）。这样一来可以减缓水流，创造适合不同鱼类和两栖动物进行休憩、产卵等活动的区域（图 4-80）。

图 4-78 砾石河岸

（3）种植植物以稳固河流边缘形态，为野生动物提供食物、栖息地和筑巢地。

公园内种植了 400 多种原生植物。植物经过精心搭配，混合播种在三个不同的区域：水滨、高地和中间的过渡地带（图 4-81），以恢复退化的水生和陆地栖息地。

图 4-79　多种河岸形态

图 4-80　生物栖息地

图 4-81　植物搭配

（二）巴吞鲁日湖

1. 项目概况

设计公司：SWA 事务所，CARBO 景观建筑协会。所获奖项：2016 年 ASLA 专业奖。

巴吞鲁日湖总体规划旨在在巴吞鲁日的中心创造一个强大而优美的自然美景。利用自然作为健康生活方式的催化剂，同时为候鸟和其他水生野生动植物提供栖息地及基础设施。

2. 设计策略

巴吞鲁日湖位于美国路易斯安那州巴吞鲁日市中心（图 4-82），是由六个湖泊组成的、占地 111.29 公顷的湖泊系统。这些湖泊毗邻路易斯安那州

立大学、三个主要公园以及人口众多的居住社区。

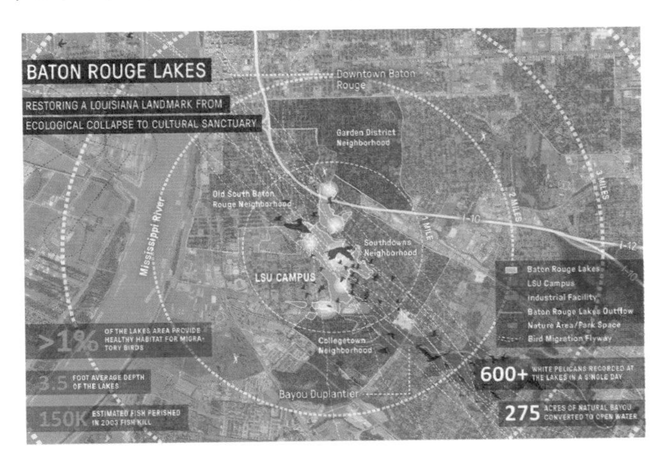

图 4-82　巴吞鲁日湖区位

由于水深不足(图 4-83),沉积物持续沉淀,水温升高,溶解氧水平降低和营养物负荷升高,导致巴吞鲁日湖水质每况愈下(图 4-84),进而导致无数动植物死亡,藻类疯狂蔓延。作为城市的主要娱乐场所,湖的吸引力很强,但设计或安排的用途很少。陡峭的湖泊边缘使人们在行走时不得不紧贴车行道边缘,甚至在车行道内行走,因此湖泊与社区的连接较弱,接入点有限。

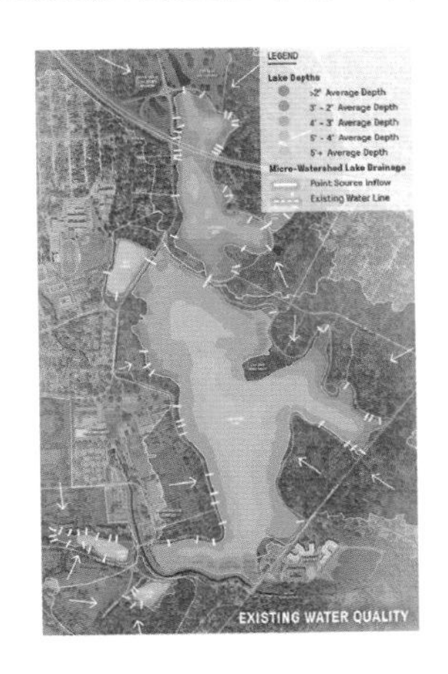

图 4-83　巴吞鲁日湖水深变化

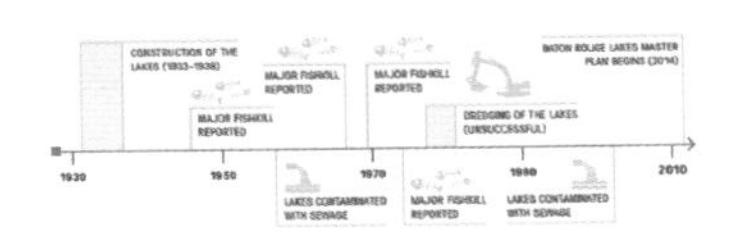

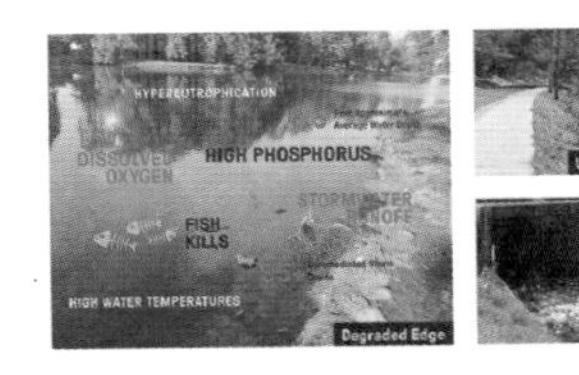

图 4-84　巴吞鲁日湖环境恶化

(1) 对水文条件、土壤状况、物种分布、人类活动进行现状分析。

对现状进行了测深测量、岩土工程报告、树木调查和评估、湖泊边缘稳定性分析和交通工程研究。历史水质监测资料显示了来自 100 多个湖滨排污口和点源污染物的负荷。

(2) 填挖湖泊,使用分阶段围堰,保证湖泊面积和深度。

这些湖泊将被挖掘成平均 1.83 m 深的水池,深处可达 2.44～3.05 m。挖掘出的石头等材料将用于建造沿湖湿地长凳,修复滑落的斜坡,以及创建和扩展湖滨公园空间(图 4-85)。

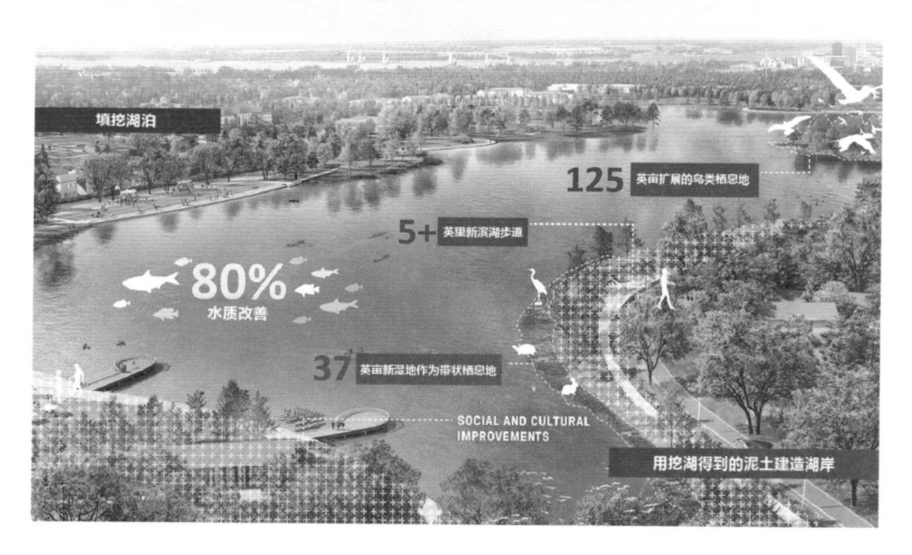

图 4-85　生态恢复策略

(3) 湖泊边缘建造湿地和草地,承担生物过滤功能。

将进入湖泊的水流先引入湿地花园进行沉淀,以帮助清除进入湖泊的第一次冲洗污染物,同时也提供生物栖息地(图 4-86)。

(4) 修复原生景观类型,扩建保护区,限定可进入水域。

恢复滨湖的六种原生景观,创造多样化的栖息地(图 4-87)。将现有的鸟类保护区扩建 40%。限定可进入水域,包括北部的公共船库、木栈道、观景区和指定的钓鱼区。

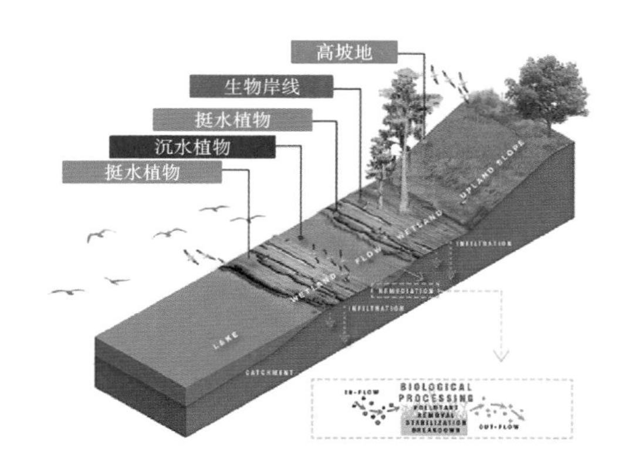

图 4-86　生物过滤

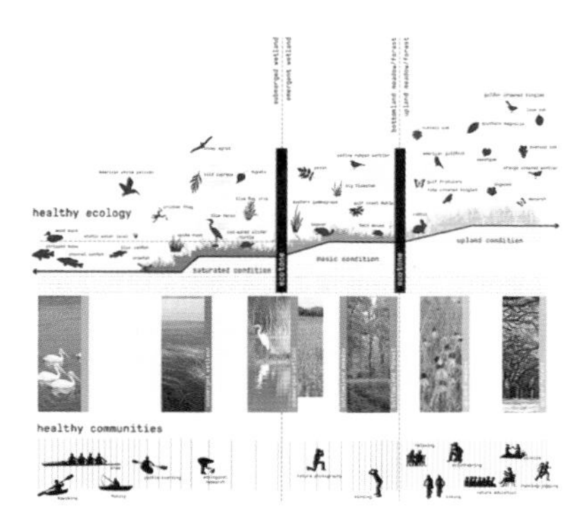

图 4-87　恢复六种原生景观

第八节　生境多样性

生境，即生物的生存环境，生境多样性意味着生物生存环境的多样性。生境多样性一方面能作为景观的物质条件，丰富景观体验；另一方面作为生物生存的基础，是实现具有生物多样性特征的景观环境不可或缺的要素，对维持景观可持续发展具有重要意义。

在滨水景观设计中，我们要考虑滨水环境所涉及的物种及生态过程，包括水生、陆生和两栖类动植物的种类和生存需求，及影响其进行各类活动的环境要素，例如水质、水深、流速、地形、岩土条件等，并将不同要素进行多样化组合，形成丰富的生态环境以适应不同生物的生存需求。

(一) 威拉米特瀑布河滨步道

1. 项目概况

设计公司：Snhetta 事务所，Mayer/ Reed，DIALOG。所获奖项：2018 年 ASLA 专业奖。

生境多样性对于生态系统复杂性、可持续性具有重要意义。瀑布景观需要考虑鱼类溯游等季节性活动的影响，对其进行针对性设计。目前威拉米特河流域有 60 种鱼类茁壮成长，其中 31 种是本地物种。

2. 设计策略

威拉米特瀑布位于美国俄勒冈州，是美国的第二大瀑布。之前沿水而建的工业设施切断了公众进入瀑布的可能，大坝也对自然生境造成了一定的威胁。

2012年蓝鹭造纸厂关闭之后，市政府和州政府决定在此处建设一条新的河道及一个公共空间(图4-88)，还原8.9公顷的玄武岩地形，重现其自然、生态、文化和地质历史。

(1) 综合考量，确定栖息地类型。

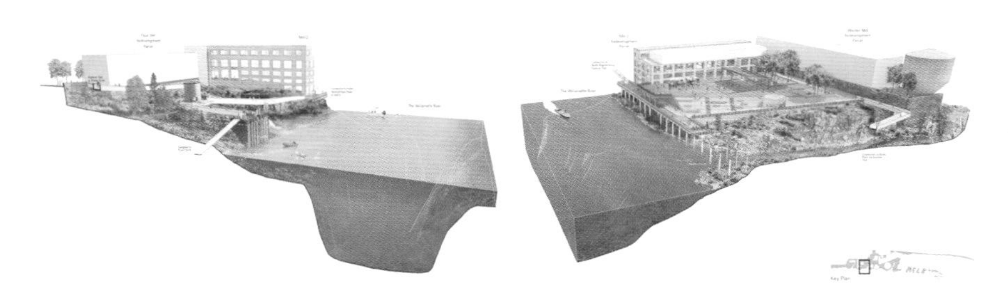

图4-88 威拉米特瀑布河滨步道(局部)

设计团队与栖息地科学家密切合作，确定了威拉米特河流域地区的各种栖息地类型。这些数据使设计团队能够确定可以恢复的栖息地类型及其所在的区域(图4-89)。

(2) 确定季节性的自然和人类活动。

项目组收集了有关本地鸟类、鱼类和哺乳动物物种的繁殖模式，现有栖息地条件以及PGE水电站大坝运行和水流的数据，描述一年中发生的季节性活动(图4-90)。

(3) 确定可开发区域。

根据栖息地类型、季节性活动，对场地进行分析和优先排序，确定可以开发的区域，恢复特定区域的生态系统。

(4) 保护和恢复栖息地。

该遗址将恢复五个独特的栖息地，同时保护七种受威胁，濒危或敏感的物种。例如凹室和河岸玄武岩栖息地，为迁徙鲑鱼和其他鱼类在进入威拉米特瀑布上游之前提供了关键的休憩场所。

图 4-89　恢复栖息地类型

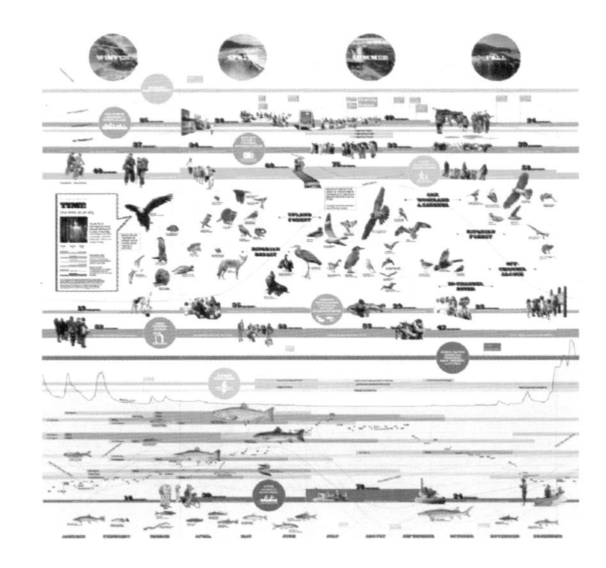

图 4-90　确定季节性活动

（二）桥园公园

1. 项目概况

设计公司：土人设计。项目规模：22 公顷。所获奖项：2010 年 ASLA 专业奖。

项目利用场地自然地理水文特征，通过一些微小的改变，将废弃地改造成生境多样的公园，取得了良好的生态、经济及社会效益。

2. 设计策略

桥园公园位于天津市中心城区河东区。建园前这里是废弃的靶场，场地低洼，有若干鱼塘，场地现状垃圾遍地、污水横流、盐碱化非常严重。2005年，天津市政府考虑周围30万居民缺乏大型游憩绿地，决定在此地建设公园。

天津市东临渤海，北靠燕山，平原、滩涂、湿地、低海拔和盐碱地是这里最广泛分布和常见的自然景观，地下水位很高，水系发达。微小的海拔变化都会带来地面土壤特性包括水分和盐碱强度等物理和化学特性的变化，这种变化最终都将反映在植物群落上。公园以此为出发点，将低洼的场地改造成多样化的生境，创造出丰富的生态景观（图4-91、图4-92）。

图4-91　桥园公园

（1）设计微地形，将雨水汇集到湿地泡，基于不同的水分和盐碱条件形成不同生境。

通过地形设计，形成21个半径为10～30 m、海拔为1～5 m的坑塘洼地，这些坑塘洼地有深有浅，有的深水泡水深达1.5 m，直接与地下水相连，也有浅水泡，还有季节性的水泡，只有在雨季有积水，有的在山丘之上，形成

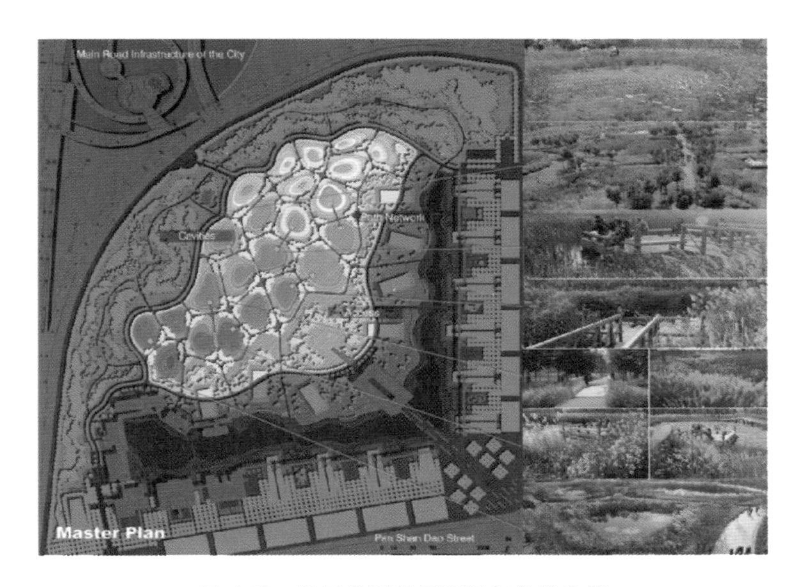

图 4-92 桥园公园总平面图与各处生境

旱生洼地(图 4-93、图 4-94)。这些洼地用来收集场地内的全部雨水。不同的洼地具有不同的水分和盐碱条件,形成适宜于不同植物群落生长的生境。在营造地形的过程中,将场地的生活垃圾就地利用,用于地形改造。

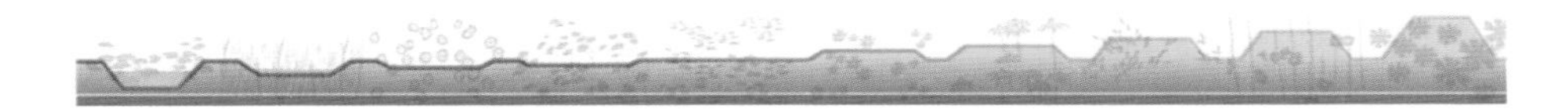

图 4-93 微地形设计

(2) 根据湿地泡的水质、土壤特性,选择不同的植物配置,形成多样化的植物群落。

设计师根据地域景观的调查、取样配置,选择植物种子,并将其播撒在低洼地和水泡四周,形成适应性植物群落。这些群落是动态的,这种动态源于两个方面:一方面,因为初始生境不能满足某些植物的生长,所以这些植物在生长过程中逐渐被淘汰;另一方面,一些没有人工播种的乡土植物,通过各种传媒不断进入多样化的生境,而成为群落的有机组成部分。由于水位和 pH 值细微的变化,公园的地被植物和湿地植被非常丰富(图 4-95)。

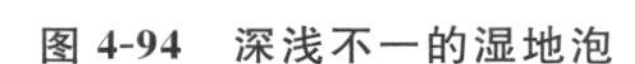

图 4-94　深浅不一的湿地泡　　**图 4-95　细微差异导致不同生境**

第九节　可持续性

世界环境与发展委员会 1987 年出版的《我们共同的未来》报告中，提出了可持续发展的理念："既能满足当代人的需要，又不对后代人满足其需要的能力构成危害的发展。"

具体到景观规划设计中，可持续性是指可以长期维持的状态或过程。这要求我们在进行景观规划设计时要适度开发，不破坏环境，保证场地内外生态系统的自然更新能力，维持景观稳定性，甚至在更大的尺度上，要求景观能够为区域的可持续性发展作出贡献。

（一）微山湿地公园

1. 项目概况

设计公司：AECOM。项目规模：2000 公顷。所获奖项：2015 年 ASLA 专业奖。

微山湿地公园将农村湿地改造成科学教育和生态旅游的重要目的地，促进相邻城市地区的经济发展，同时为中国南水北调工程沿线的水道环境保护做出贡献。项目竣工以来，许多一度绝迹的野生动物已经返回。

2. 设计策略

湿地公园位于山东省济宁市微山县南部，是中国南水北调工程东线的一部分（图 4-96）。该场地远离主要经济中心，与邻近城市地区的交通连接

有限,缺乏旅游基础设施和配套服务。该地区的生态和环境条件相对不受干扰,但农业活动的存在导致一些地区的环境污染严重。场地内有丰富的自然资源和多样化的景观,但景观特色相对模糊。

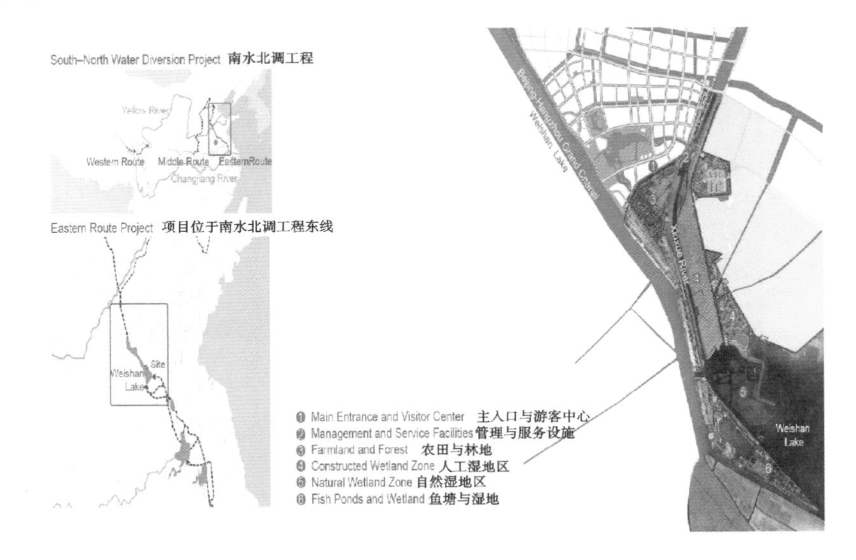

图 4-96　微山湿地公园区位及总平面图

2008 年,由当地县政府委任设计团队为湿地公园制定旅游开发和环境保护总体规划及景观设计。该项目的景观规划涵盖了约 4000 公顷的研究区域,第一阶段设计面积约为 2000 公顷。公园开发的第一阶段——微山湿地公园,于 2013 年 5 月完工并向公众开放,实现美学上令人愉悦和可持续的低碳发展。同年,它被中国国家林业和草原局及中央电视台评为全国民意调查中最具吸引力的湿地之一(图 4-97)。

(1) 划分景观区,恢复湿地,优化水资源。

园区划分为核心保护区、自然恢复区、有限人类活动区、发展村庄社区、保留村庄社区。在污染风险高的地区建立湿地净化系统。微山湖洪水水位高,季节性水波动大。水系统设计创建了一个具有高防洪安全性、水流连通性和流畅性的生活水网络。

(2) 建立和恢复栖息地,增强物种多样性。

在分区基础上建立和恢复了几个栖息地(林地、农田和湿地),优化了河

图 4-97　公园吸引了许多游客

岸生态系统，通过改善目前相对较低的植物多样性，减轻该地区水生境内外蓝藻类入侵的现象，保护和优化水体、湿地和森林等栖息地，进而丰富了物种多样性（图 4-98）。

（3）采用低冲击材料建设观赏走廊、护岸、路面和建筑。

走廊采用轻质木材和钢材（图 4-99），最大限度地减少占地面积。使用现有柳树枝和杨树桩建造了新的软土护岸，木桩上的树枝发芽后能够固定周围土壤（图 4-100）。通道用砾石铺设。建筑采用绿色屋顶，以太阳能和风能作为能源（图 4-101）。

图 4-98　增强物种多样性

图 4-99　观赏走廊

图 4-100　软土护岸

图 4-101　绿色建筑

(二) 群力雨洪公园

1. 项目概况

设计公司：土人设计。项目规模:约 30 公顷。所获奖项:2012 年 ASLA 专业奖。

群力雨洪公园的设计,在利用场地内外雨水滋养湿地的同时,为城市排涝减灾做出了卓越的贡献。该项目不仅实现了自身的可持续发展,也为周边地区的可持续发展献了一份力量。

2. 设计策略

哈尔滨群力公园(图 4-102)位于哈尔滨市东部的群力新区。群力新区 2006 年开始建设,约 30 万人将在这里居住,但仅有 16.4%的城市土地被规划为绿地,原先大部分的平坦地将被混凝土覆盖。项目地原为一块被保护的湿地区域,受周边道路建设和高密度城市发展的影响,湿地面临严重威胁。场地周边环境也面临硬地多、雨水下渗率低,降雨集中、易引发洪涝的问题。

在此背景下,群力公园被赋予了维护更大的城市区域可持续发展的职能。设计团队对这块城市低洼地进行了简单的填挖方处理,营造了城市中心的绿色海绵体。用 10%的城市用地解决了城市内涝问题。

(1) 保护原生湿地系统,建设时尽量减少对现状的改动。

保留湿地现状的基本植物群落特征、场地内的原有水域及中心埂道,在恢复设计中加以保护及利用,尽可能减少对场地现状的改动(图 4-103),以

图 4-102　群力公园

形成湿地景观的原生性。

图 4-103　尽可能保留湿地

（2）构建“海绵地形”，形成人工湿地系统和地形系统。

在缓冲区采用填挖方技术就地平衡土方，同时设计了人工湿地系统和地形（图 4-104），深浅不一、高低错落，既节约成本，又有利于形成丰富的生境和体验空间。人工湿地系统由众多的湿地泡组成。依据“边缘效应”的生

态学原理，众多湿地泡有着比单一同等面积水域更丰富的生态效益。

(3) 进行汇水区规划，形成“水质净化—蓄滞水—地下水回补”多级、多功能湿地系统，维持城市可持续发展。

收集场地本身和公园北部待建用地两部分的雨水。通过与市政排水雨水管道的结合，将建成区雨水也汇入公园。城区雨水经过水泡系统的沉淀和过滤后，进入核心区的自然湿地。雨水随着场地的设计地势由外流向内，最终流入大面积的原生湿地区域(图 4-105)。

图 4-104　人工湿地系统与地形

图 4-105　多级雨水回收系统

第十节　文化体现

杨·盖尔在《交往与空间》中提到：在经济高速发展的今天，人们的需求已经不仅仅满足于景观设计的欣赏功能，而是越来越注重景观的文化内涵。

城市滨水区作为城市特殊的开放空间，很多本来就是城市的起源地，承载着很多城市记忆。在进行滨水景观的设计时，我们更要注重对于地域文化的体现，避免特色缺失的局面，这对提升景观的艺术效果，展现景观的人文关怀，增强城市的可识别性，传承地域历史文脉有着重要作用。

滨水景观的文化表征有如下六种。

1. 水文化

水文化是滨水区文化的源头，滨水区的文化都与水有关。滨水区的水文化简单来讲就是城市居民在滨水区与水相互作用、相互影响后形成的物质和精神财富的总和。

2. 历史文化

滨水区历史文化的表征包括存在于滨水区的历史遗迹以及一些存在于某些文化中的历史人物和历史典故等。

3. 场所文化

人们在滨水区进行活动并留下了记忆，产生了记忆场所。随着时间的推移，人和场所之间就产生了感情，场所文化就此出现。滨水区一个常见的场所文化就是码头文化。

4. 建筑文化

滨水建筑往往有特殊的形式，根据其呈现方式可以分为结构性建筑（亭子、门楼等）和功能性建筑（如凤凰古城沱江两岸的吊脚楼等）。这些都是滨水区特殊的建筑文化。

5. 植物文化

植物是表现地域文化非常好的载体，常见的主要有古树名木，本土植被（如荷花、睡莲、芦苇、垂柳等），特色植物（如市花、市树、地方名花等），具有象征意义的植物等。

6. 行为文化

滨水景观所体现的行为文化一般包括两大类：一类是亲水行为文化，如湖南汨罗每年都会举办赛龙舟比赛等；另一类是当地特有的其他传统习俗行为文化。

（一）杨浦滨江示范段

1. 项目概况

设计公司：原作设计工作室。项目规模：3.8 公顷。建成时间：2016 年 7 月。

方案将老码头上遗留的工业构筑物、刮痕、肌理作为最真实、最生动、最敏感的映射记忆进行保留，将记忆空间化和物质化。工业历史就这样深深地烙在这片场地中，也烙在人们的心中。历史文化的体现不仅增强了滨水景观的可识别性，更是延续了城市的文脉。

2. 设计策略

杨浦滨江示范段是上海杨浦滨江公共空间的启动段，为杨浦滨江公共空间的建设，乃至整个45千米黄浦江两岸贯通工程都起了重要的示范作用，提供了有效的借鉴意义。由于厂区密集、单位割据江岸，很多多年生活在该区域的市民从来不曾在杨浦区段接近滨水区域。"临江不见江"是这一区域近百年来的城市空间困境。

（1）改造沿江码头，开放滨水空间，唤醒场所记忆。

在黄浦江两岸公共空间贯通的背景下，沿江码头全部开放为公民所用，并设置了可供人们休息的观景设施。曾经卸货和贸易的主要场地如今成了可供人们休闲娱乐的滨江广场，码头的场所文化就这样与现代文化相融合，被时代赋予了新的功能和价值。每当人们在码头上奔跑漫步、观赏江景，总会联想到历史上这块地区繁忙的水运场景。

（2）创新化利用和改造工业遗迹，连接历史与未来。

设计时将原本废弃的工业管道改造成了江边的路灯，用废弃的钢架构作为栈桥连接不同码头，把拴船桩布置成矩阵，用遗留的钢结构搭建凉亭和廊架，每一处景观设施都有着历史的痕迹，彰显着杨浦滨江段近百年来的辉煌工业史。站在老码头上，倚靠着曾经的拴船桩，遥望黄浦江对岸陆家嘴CBD的场景，城市文化就在这样的时间厚度中得以延续（图4-106至图4-111）。

图4-106　可供人们休闲娱乐的码头

图4-107　用管道改造成的路灯（图片来源：https://www.gooood.cn/）

图 4-108　复合功能的廊架

图 4-109　同水厂建筑相结合的坡道

图 4-110　广场上用拴船桩布置形成的矩阵

图 4-111　钢索坡道廊架（图片来源：https://www.gooood.cn/）

（二）金华燕尾洲公园

1. 项目概况

设计公司：土人设计。项目规模：26 公顷。所获奖项：2015 年世界建筑节年度最佳景观奖。

2. 设计策略

金华燕尾洲公园位于浙江省金华市乌江和武义江的交汇处（图 4-112）。项目开建前，燕尾洲的大部分土地被开发成金华市的文化中心，建有中国婺剧院，该剧院为曲线异形建筑，燕尾洲的两岸分别是密集的城市居民区和滨江公园（图 4-113、图 4-114）。由于开阔的江面阻隔，市民难以到达燕尾洲，便不能使用洲上的文化设施。

跨过两江的步行桥蜿蜒多姿（图 4-115），它不仅是一条连接通道，更是一个体验场所，吸引大量的游客和居民前往，每天平均有 4 万余人使用该桥

(图 4-116)。来源于民俗文化的造型和色彩强化了市民对乡土文化的认同感和归属感(图 4-117),也使燕尾洲公园成为城市的地标性景观。

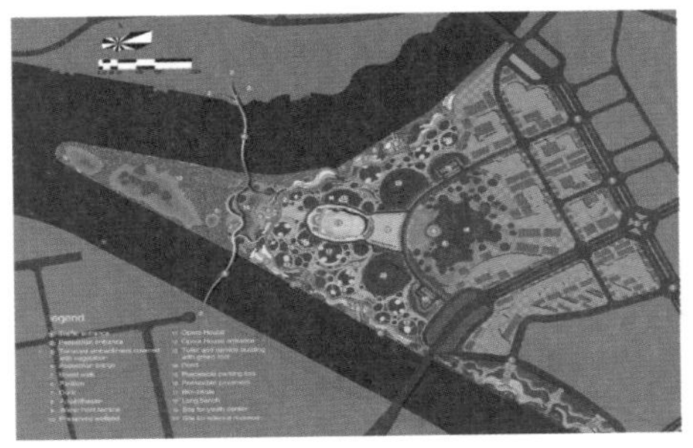

图 4-112　燕尾洲公园总平面图(图片来源：https://www.turenscape.com/)

图 4-113　旱季景观鸟瞰

图 4-114　雨季景观鸟瞰(图片来源：https://www.turenscape.com/)

图 4-115　步行桥细部图

图 4-116　参观步行桥的游客(图片来源：https://www.gooood.cn/)

图 4-117　当地习俗“板凳龙”(图片来源：http://x.itunes123.com/a/18022616193269651/)

第十一节 经济效益

追溯一个城市的历史，往往可以追溯到一条河、一片海，滨水区是人们经济活动最早兴起的地方，直到今天，滨水区也往往是一个城市经济最繁荣的地方，它带来的经济效益不可估量。

滨水景观带来的经济效益可以分为直接经济效益和间接经济效益。直接经济效益就是直接在滨水区进行商业开发产生的效益，例如滨水区的房地产、商业等开发活动，可以立竿见影地带来经济价值，但对公共利益的考虑可能不够。

间接经济效益则是指提升滨水区域的整体公共空间品质，通过有效的经营途径，使环境优势转化为经济优势，带动周边地区商贸、房地产、旅游业等第三产业的快速发展，利用高质量的滨水景观提高城市知名度，带动整个城市有形资产和无形资产的增值，吸引外资，形成对周边地区的集聚和辐射能力，促进区域经济的发展。

（一）波尔图滨水平台

1. 项目概况

设计公司：TOMDAVID ARCHITECTEN。项目规模：19408 平方米。建成时间：2015 年。

滨水区由于其景观特性，对人们具有天然的吸引力。项目通过滨水景观建筑物的置入，将原本受到冷落、无人问津的大桥东侧变成了备受人们喜爱的公园，并通过引入餐饮、文教等商业功能，充分发挥了滨水景观的经济带动效益（图 4-118、图 4-119）。

2. 设计策略

项目位于波尔图杜罗河畔，路易一世大桥东侧，山脊和桥梁形成了一道屏障，在路易一世大桥西侧繁华热闹的 Ribeira 城区衬托下，本项目所在的东侧显得愈发冷清，但设计团队在这块无人问津的土地上看到了无数的可能性和潜力，本项目成为激活区域所在地发展的突破性元素。

全新的景观建筑如同岛屿般漂浮在杜罗河之上，成为一道亮丽的风景

图 4-118　上层公园鸟瞰图

图 4-119　滨水平台整体鸟瞰图(图片来源：http://tomdavid.nl/)

线。四条与城市相连的栈道拉近了城市居民与水的关系，打造了一个循序渐进的空间转化过程(图 4-120、图 4-121)。

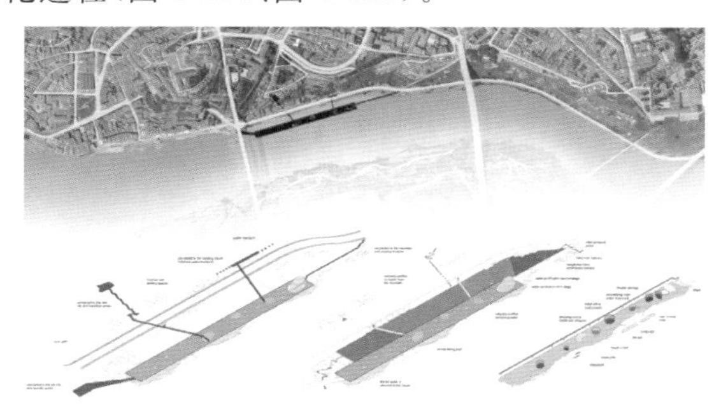

图 4-120　滨水平台与岸线的连接示意图(图片来源：http://tomdavid.nl/)

项目主体建筑分为上、下两层(图 4-122)，下层平台与水岸相接，餐厅、教学工作室、水上活动中心等各种功能空间散布其中，提供各式各样的文化、体育活动场所(图 4-123、图 4-124)。而在上层平台，清新的河风吹拂而过，或是在树荫下谈天说地，或是在阳光中小憩，或仅仅是静坐一侧眺望河景，延绵的公园成为居民日常生活中不可分割的一部分，在夏日，公园旁的泳池更是热闹非凡(图 4-125)。

(二) 上海苏州河绿道规划

1. 项目概况

设计公司：Sasaki。项目规模：159 公顷。项目时间：2016 年。

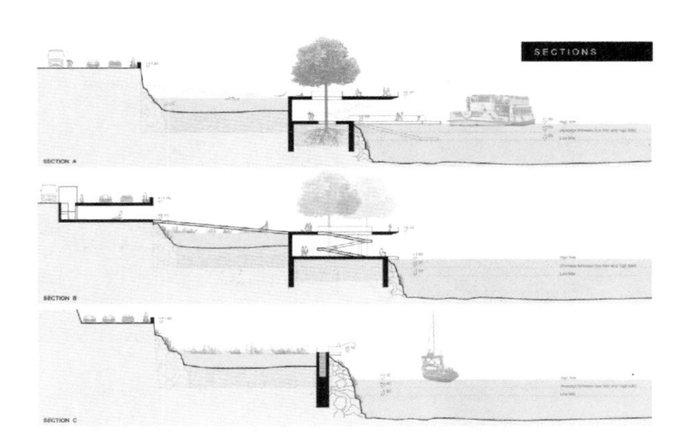

图 4-121　剖面示意图

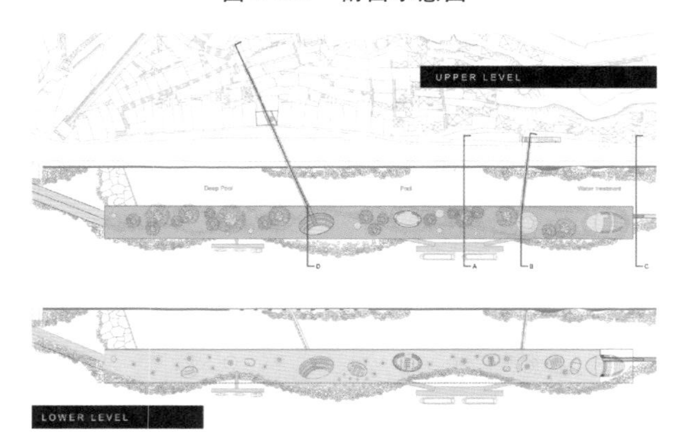

图 4-122　上下层平台平面图

图 4-123　上层平台活动意向图

图 4-124　下层平台活动意向图

图 4-125　热闹非凡的上部公园(图片来源:http://tomdavid.nl/)

项目通过提升滨水景观的整体品质,激活了北岸原本萧条的闸北区,使两岸连接起来,共同发展,并辐射至城市腹地,带动周边地块的商业发展和价值提升,实现了滨水景观的经济效益(图 4-126、图 4-127)。

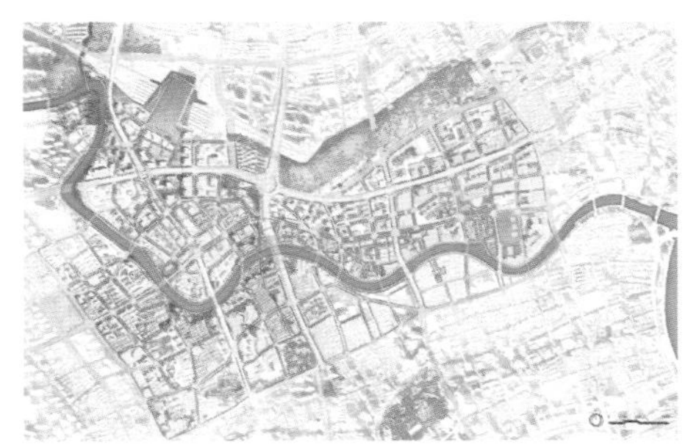

图 4-126　苏州河绿道规划总平面图

图 4-127　滨水广场节点图(图片来源:http://www.sasaki.com/)

2. 设计策略

2015 年,苏州河两岸的静安区和闸北区合并成为新静安区。长久以来,苏州河都是地理上和大众心理上的分界线:南岸是繁华发达的静安区,北岸则是边缘化的闸北区。两区合并后,位于上海市中心、长达 12.5 千米的一线河滨区得以整合。Sasaki 的规划方案不仅将此视为发展的契机,而且还是一个可以提升其地理及社会地位,为这个一度衰败的滨水地区带来重生的机会。为了充分发挥场地的滨水优势,实现其经济效益,项目采取了如下的策略。

(1) 拓展滨河区域,连通相邻城市地块,提升滨水空间可达性。

项目通过滨水绿地的后推来连通滨水景观与周边地块，通过新建综合开发项目以及加强区域与包括上海火车站（图 4-128）、M50 创意园区等邻近目的地的联系，原本被隔离开的区域将重现活力。

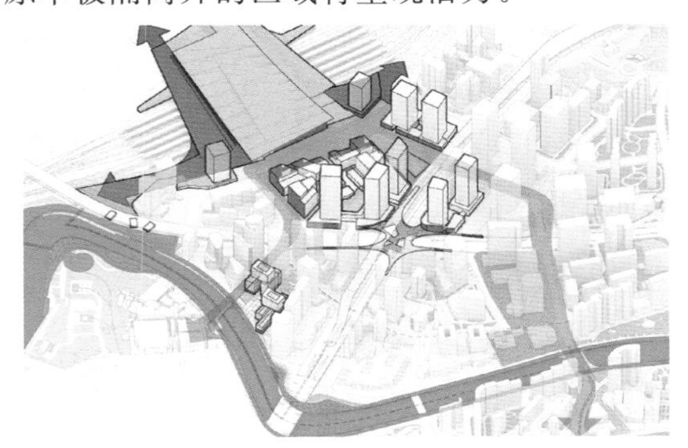

图 4-128　连通上海火车站地块

（2）沿河设置节点与绿地公园，提升滨水空间品质。

Sasaki 将原本单一的河道重新布局，沿河设置城市节点和绿地公园，制造富有韵律的空间秩序。每个绿地间距不超过 500 m，满足该区域对社区导向公共空间的需求，同时增强滨水区与邻近区域的互动关系（图 4-129、图 4-130）。节点广场活动丰富，滨水空间品质普遍提升。

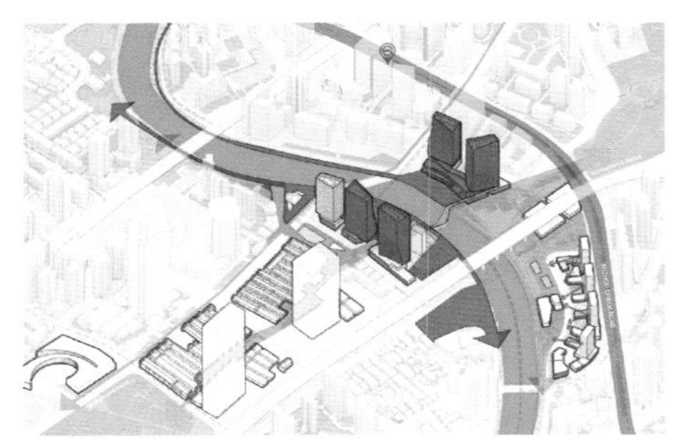

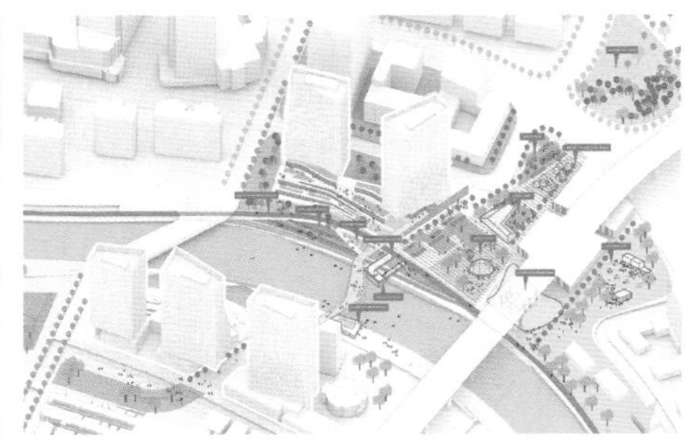

图 4-129　拓展绿地

图 4-130　滨水广场

（3）置入文化商业功能，提升综合服务能力。

引入适当的文化创意产业和商业服务，激活地块，增强地块的综合服务能力（图 4-131 至图 4-133）。

图 4-131　建筑功能示意图

图 4-132　商业空间意向图

图 4-133　节点广场(图片来源：http://www.sasaki.com/)

第十二节　活动公平性

景观的活动公平性就是要能够满足不同群体的需求，调解不同活动需求之间的矛盾。这个群体不只是不同人群，例如游客和当地居民、不同阶层的人群等，还包括人类和自然等不同群体的需求。

滨水景观一般是一个城市景观最为丰富和最具特色的区域，应供全体市民共同享受。城市滨水区规划应反对将临水地区划为某类人群专用的做法，而是要注重滨水岸线的共享性。例如美国芝加哥沿密歇根湖地区，专辟长 32 千米、宽 1 千米的永久公共绿地，并立法保护。

同时，滨水景观由于其滨水的特性，往往具有较高的生态敏感性。在人类活动影响到与水有关的生态活动时，我们要注重对弱势一方的关注，从景观设计的角度倡导减少人类活动，保障自然生态活动，这也是滨水景观活动公平性的一种体现。

下面以宁波东部新城生态走廊规划为例。

1. 项目概况

设计公司：SWA 事务所。项目规模：90 公顷。所获奖项：2013 年 ASLA 规划设计荣誉奖。

通过重建区域内的生态系统，宁波生态走廊工程为当地的原生动植物创造了一片可供栖息和繁衍的场所，提高了公共卫生质量，带来了具有良好景观质量的公共场所（图 4-134、图 4-135）。在人类利益和自然生态活动冲突的情况下，设计团队优先考虑了自然生态系统的可持续性，最后实现了人类利益和生态效益的双赢。

图 4-134　生态走廊建成图

图 4-135　连接两岸的桥梁（图片来源：https://www.gooood.cn/）

2. 设计策略

2002 年，为了缓解宁波老城的压力，开创生态平衡的城市扩张新途径，宁波城市规划部门提出建设"宁波东部新城"的总体规划。这个计划包括环绕生态走廊建立一个 1554 公顷的城市综合开发区域，与其共同组成一个绿色的线性网络空间，使得人类、野生动物、植物可以在其中栖息、繁衍、共生。

运河是宁波的突出特色，一直以来承担着防洪、灌溉和运输三大主要任务。由于地块的工业用途以及缺乏有效的分区和污染控制措施，生态走廊之内的运河段遭到了严重的破坏。工业污水和雨水径流未经处理就流入运河，并滞留其中，致使运河河道堵塞。但该地区仅存的一小部分湿地一直为迁徙的东方白鹳、天鹅、白枕鹤等鸟类以及白鳍豚、扬子鳄、獐子和水獭等动物提供至关重要的栖息环境。

在意识到这片湿地和水生环境对于保护此处生态区域的重大意义后，设计团队将焦点集中在了湿地修复上，把它作为对这片特殊场地进行干预的促进剂，削减人类活动，恢复自然的生态过程。方案拆除了两边的违建工厂，将农田还原为湿地，并通过人工的引导和塑造，建立了综合地形、植被与水文设计的活体过滤器，最终将仅限工业使用的Ⅴ类水改善为适宜文娱活动的Ⅲ类水，恢复了适宜野生动物生存的生境，吸引了很多野生动物的回归（图 4-136 至图 4-138）。

图 4-136　栈道悬空，减小地表径流

图 4-137　在生态走廊栖息的野生动物（图片来源：https://www.gooood.cn/）

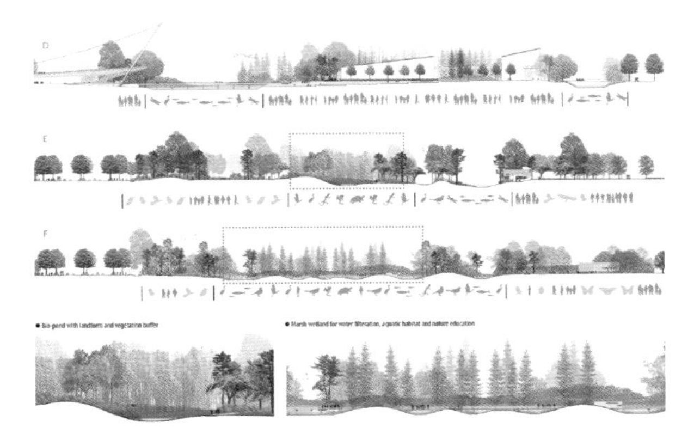

图 4-138　人与动物和谐相处的生境

滨水景观因其滨水的特性，往往会对生态有较高的要求，当人类活动与生态过程相冲突时，我们要坚决地保护生态，维持自然活动的有序进行。

第五章 滨水景观规划设计理念

理念观点，百家之言。

百家观点是基于不同背景提出的，出发角度各不相同，思想熠熠生辉。只有剖析现象、碰撞思想，经过问题之间多因素的冲突、交织与渗透，才会为文化的重组提供机会。

今天，我们看到了市民对空间认知的快速变化，曾经我们将优先权给予车辆和摩天大楼，现在我们努力地将城市改变成居住、生活、休闲或游览的地方。这种转变十分快速地发生在过去几十年中，它很大程度地改变了我们利用空间的方式，因此也改变了我们看待和设计空间的方式。

在不同的学科角度和发展背景下，研究者们提出了很多滨水空间的规划设计观点与理念。这些理念基于不同的专家学者、设计单位、政府机构和其他滨水空间规划设计相关的研究和实践。

本章节将对诸多滨水空间的规划设计理念进行阐述，包括其时代背景、解决问题的方式以及应用范围，旨在提供有益生态、可行性高、具综合效益且满足场地要求的设计概念参考，制定适宜的原则来指导滨水景观规划设计。

第一节 绿色基础设施

绿色基础设施是由相互连接的绿色空间构成的网络（图 5-1），是区域生命支持系统的一部分，对维护生态系统的价值和功能有重要作用。绿色基础设施在空间上由网络中心、廊道和站点构成，构成如图 5-2 所示的指状绿楔。网络中心以较少受到外界干扰、面积较大的自然生境为主，包括处于原生状态的土地、生态保护区、郊野公园、森林、湖泊、湿地、农田和牧场等；廊道是线性的生态廊道，是网络中心、站点之间联系的纽带，主要包括生态廊道、河流、城市道路、泄洪渠及防护绿带等线性绿色空间；站点是独立于大型自然区域之外的生境，主要包括城市公园、广场、街旁绿地、社区公园、绿色停车场、雨水花园及屋顶花园等。

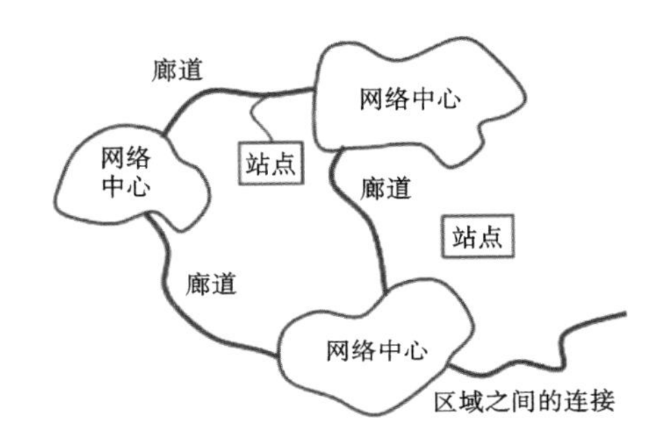

图 5-1　绿色基础设施结构图

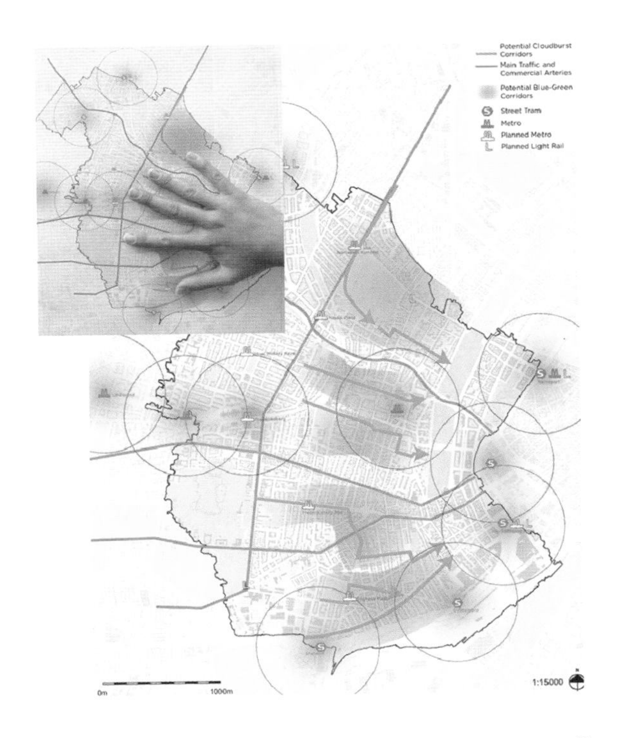

图 5-2　指状绿楔(图片来源:https://www.asla.org/)

绿色基础设施强调不同绿色空间之间的连通性和整体网络的系统性。单一尺度的绿地系统规划不能充分发挥绿色基础设施的功能，绿色基础设施在维持物种迁徙、流域水文过程等方面的功能需要在更为宏观的层面才能体现，而诸如减轻暴雨径流污染等功能，要在更为细节的层面才能体现。绿色基础设施通过保护和连接分散的大小不一的绿地，不仅维持了生物多样性，避免了生境破碎，更是为市民提供了连续系统的开放空间，以满足他们的休息、健康、审美需求，进而实现了绿色基础设施的生态效益和社会效益。

在绿色基础设施理念的实施方面，可以从规划和设计两个层面来进行。在规划层面要注重规划先行，改变绿色空间规划的被动地位，预先规划区域的网络中心—廊道—站点三级绿色基础设施网络结构，不可随意让位给其他用地。在设计方面，要注意基础设施的绿色化，如绿色停车场、绿色屋顶、绿色街道、雨水花园、生物滞留设施、公园、街头绿地等的设置。

下面以哥本哈根的暴雨应对准则为例进行分析。

哥本哈根在 2011 年和 2014 年遭受了两场千年一遇的暴雨，由于城市雨污管道没有分离，且城市内大量建筑空间和基础设施位于街道平面之下，暴雨来临时，大量污水和雨水涌入地下设施中，使得经济损失惨重。为了缓解城市内涝的状态，哥本哈根决定采用蓝绿系统来解决这个问题。哥本哈根通过制定如下的策略建设了城市的蓝绿系统。

1. 基础设施绿色化

针对街道、公园和广场等城市常见空间模式，团队给出了八种介入手段以减轻灾害。如对于安装了两条排水管道的传统路面，项目组推出了“V 形城市运河”的改造方案(图 5-3)，改变了原先蓄水能力极弱的坡度设计方式，使原先暴雨时极易被淹的人行通道不受影响。项目组还通过设置两边高、中间低的带高差的路面(图 5-4)，加上两条绿化带，划出“安全区”与“洪水区”，在洪水来袭时，绿化带和行车道就会变成蓄水区，两边的人行道仍能正常通行。八种介入手段将水利工程(灰色)与城市生态工程(蓝绿)相结合，创造了一套普适性洪水缓解策略的模型。

2. 湖岸改造

项目区域内有一片湖区，由于湖水平面高于周边街道，湖区反而成了加

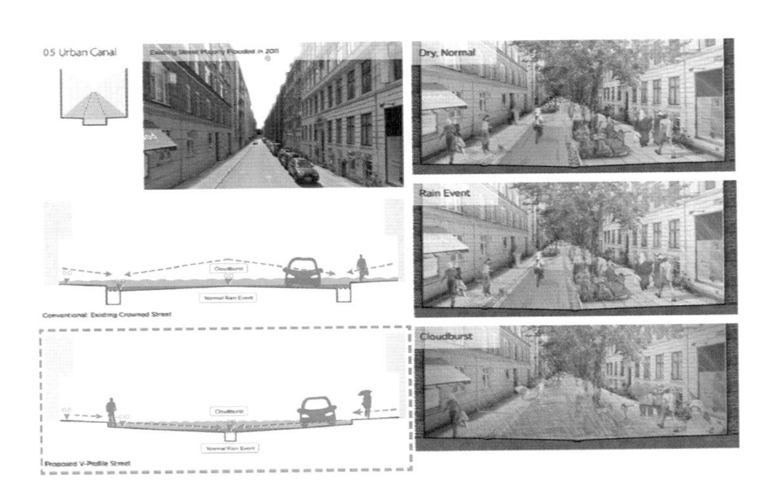

图 5-3　城市运河改造方案

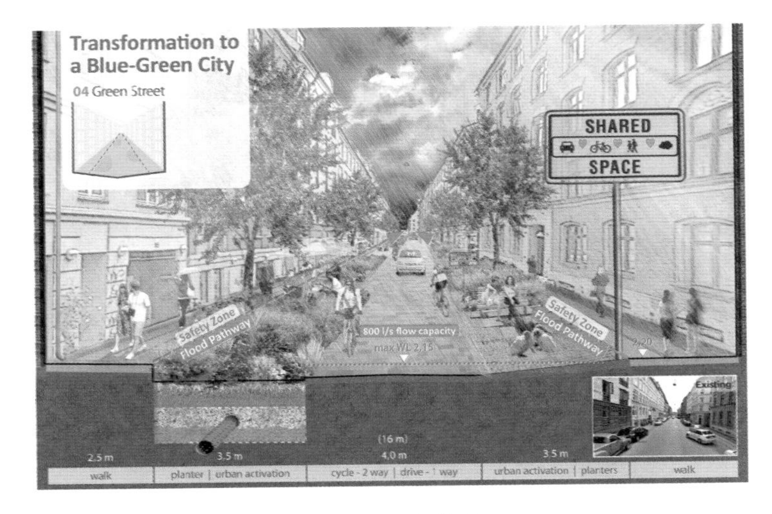

图 5-4　绿色街道

剧洪灾的推手。过去哥本哈根市对这块区域的处理方式是加高堤坝，分隔出一块块街区，但暴雨来临时，那些原先被堤坝保护起来的街道就会变成洪水的通行路线。如图 5-5 所示，项目组将湖区的其中一侧区域填平，提高到高于湖区水平面的位置，另一侧改建成一块下凹的绿地，并在其地下搭建与大海相接的排水管道，这样地平面最低、最危险的一块通车区就不会受到影响了，原先被堤坝隔开的区域成了一块面积巨大的下沉式绿地，整个湖区环境改善了，而人们的通行路线也不会因天气变化受到太大的影响(图 5-6)。

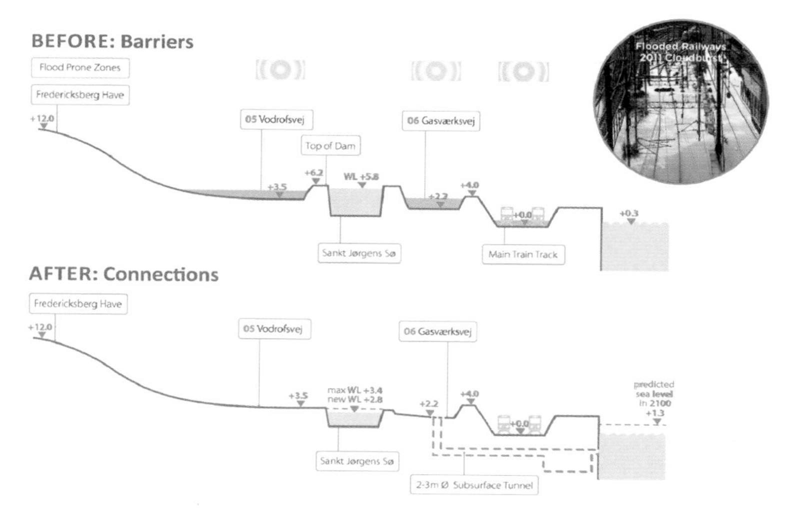

图 5-5　湖岸改造

图 5-6　改造后湖岸晴雨表现(图片来源：https://www.asla.org/)

3. 构建蓝绿网络，应对洪水

在流域内，一系列结合了暴雨措施的林荫道沿着现状河网蔓延，连接经过生态化改造的公园、广场以及湖泊，形成了整个城市的绿色空间网络系统，有效地缓解了城市内涝。

蓝绿策略在有限的城市空间内，将绿地和水系两种具有气候变化适应性的空间联系在一起，发挥了它们作为绿色基础设施的最大功效。这个蓝绿方案不仅能改善城市景观，更有效地削弱了暴雨的影响，同时也更经济。根据丹麦咨询公司的计算，实行蓝绿方案并配套小型传统排水管道的方法，相比完全依赖地下管道建设，每年共能节约 2 亿美金。同时由于景观的改善，城市经济发展也迎来了新的机会。

第二节 低成本原则

低成本景观设计是在设计过程中不影响景观整体效果和生态效益的前提下，尽量降低项目前期的投资和中后期的损耗、能耗、维护等管理运营方面的投资。

低成本景观不是纯粹的经济学意义上的降低造价，而是经济学与景观学的融合。低成本景观设计是以尊重自然、尊重场地为基础，以成本控制为手段的设计方法，成本控制贯穿概念方案设计至投入使用的整个过程，需要从设计形式、铺装选材、植物品种、水体设计、维护管理等方面综合考虑，在降低建设成本的同时兼顾园林景观的功能和美感。

景观设计中对成本的控制主要可以从植物设计、水景设计、地形设计、硬景材料的选择四个方面来考虑。在进行植物设计时，要尽量利用本土植物，尊重地域特性，选择相对而言易成活、耐粗放型管理、后期维护成本低的植物。在植物用材规格上，为了节约成本，应以中小苗木为主，落叶树种与常绿树种并存，打造乔、灌、草结构层次，最大限度地提供多样的生境条件。在水景设计方面，要根据场地水源的丰富与否来选择是采用面状水景或点状水景，面状水景应以自然形式的水体为主。在地形设计方面，应充分利用原有地形和土方，减少大规模的土方搬运和填充。而在硬景材料的选择上，要多用本土元素，少用外来元素，进行铺装设计时，要尽量因地取材，减少运输成本，采用可透水铺装。

以秦皇岛汤河公园为例进行分析。

秦皇岛汤河公园原本是地处城乡接合部的一条脏乱差的河流廊道，生态基础条件极差。设计最大限度地保留了原有河流生态廊道的绿色基底（图 5-7），并引入一条以玻璃钢为材料的长达 500 米的红色飘带（图 5-8），整合了步道、座椅、环境解释系统、乡土植物展示、灯光等多种功能和设施，使原本无人问津的城郊荒地和垃圾场变成了令人流连忘返的城市游憩地和生态绿廊。

图 5-7　汤河公园鸟瞰图

图 5-8　红飘带人行通道(图片来源：https://www.asla.org/)

该项目在实现成本景观设计理念方面所做的努力主要包括以下几点。

1. 设计形式

设计在形式上采用一条红飘带穿插在公园中，人类的各种活动均在红飘带上进行，活动范围相对有限，相对应的基础设施设置相对集约。设计结合场地的特性，最大限度地减少了人类活动对场地的影响，也节约了各类设施的成本。

2. 植物设计

公园以芦苇、大油芒、须芒草、白茅、狼尾草五种本土野草作为每个节点的主题植物，由于本土野草本身具有较强的生存能力，减少了灌溉等的成本，同时在植物养护上采用了粗放式的模式，减少了后期人工修剪等的维护成本（图 5-9）。

图 5-9　种植本土植物

3. 硬景材料

设计师利用料场的旧建筑将其改建为接待中心和茶室，将原有的水塔改建为观景塔（图 5-10），实现了旧物利用，既节约了成本，又保留了场地原有的文化。

秦皇岛汤河公园的设计给我们提供了一种城市绿地低成本景观设计的范例。在人与自然共生的环境中，城市绿地低成本景观应该为人们提供一种能真正感受自然、接触自然的途径，让人们感受到自然的美。"红飘带"以自由蜿蜒的形式穿梭在自然状态的树林中（图 5-11），在不破坏原生环境的基础上创造开放的线性公共空间，为人们提供了更好的体验和感受环境的空间。

图 5-10　改造后的景观塔

图 5-11　蜿蜒的红飘带（图片来源：https://www.asla.org/）

第三节 经营性开发

经营性开发就是要利用城市经营理念来进行滨水区开发。“城市经营”可以理解为将城市当做最大的资产，运用市场经济的手段，对其中的自然资源、历史资源、基础设施资源等进行优化整合和高效配置，从而实现城市的自我增值和自我发展。城市资源是城市拥有的资源，主要包括城市土地、城市基础设施、城市形象三个方面。

城市滨水区是直接体现城市空间特色的重要载体，往往也是一个城市的名片，是城市经营中极具商业开发价值的黄金地段。运用城市经营理念，对城市滨水区进行合理的开发，可以实现滨水区价值的最大化，更能为整个区域乃至城市带来长久发展的持续动力。

但在运用城市经营理念时，要注意不可过于市场化，而忽视了少数人群的利益，始终要牢记政府的公共服务特性；不可由于贪图短期的经济回报而损害城市环境和未来发展。城市经营要从长远考虑，考虑滨水区和城市的可持续发展。

以伦敦金丝雀码头复兴计划为例进行分析。

金丝雀码头曾经是伦敦东部重要的港口，随着经济转型，港区逐步没落直至关闭。1980 年起，金丝雀码头开始了区域再生计划。经过 30 多年的建设，金丝雀码头从一个没有任何商务基础的工业区，发展成为伦敦重要的金融商务区，汇丰银行、花旗银行、路透社等多家公司在这里落户，这片区域提供的就业岗位超过八万个。其平面图及夜景鸟瞰图如图 5-12 及图 5-13 所示。

该项目主要通过以下措施实现了滨水区的开发。

1. 兴建大型轨道交通，改善交通环境

作为旧式码头，金丝雀码头虽然距离伦敦市中心不远，但它长期依靠水路交通，与伦敦市的城市交通网络隔离。项目新建了东西向贯通的地铁线和南北向贯通的轻轨线(图 5-14)，大大提升了交通运量，也促进了地下空间的开发(图 5-15)。十字状的轨道交通集合项目本身的轮渡(图 5-16)和距码

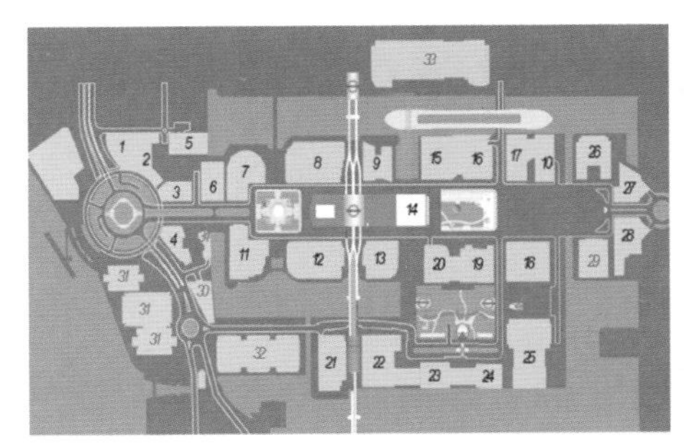

图 5-12 金丝雀码头平面图

图 5-13 金丝雀码头夜景鸟瞰图(图片来源:https://mp.weixin.qq.com/s/Lut6EmNtE2-aEJ1lRKuHBQ)

头仅三公里的伦敦城市机场,地块交通条件十分优越,在地铁和轻轨线建成后,码头的办公楼出租率上升至99.5%。

图 5-14 地铁、轻轨站

2. 整合自然、历史要素塑造空间特色

金丝雀码头四面环水,且东西两侧直接与泰晤士河相接,它的城市设计充分利用了水这一独特的自然要素,将其与公共空间和景观、步行体系整合,形成了连续宜人的滨水空间。轻轨站、高架桥和水景的视觉整合也是场地的一大空间亮点。

图 5-15　地下空间体系

图 5-16　水上交通(图片来源：https://mp.weixin.qq.com/s/Lut6EmNtE2-aEJ1RKuHBQ)

金丝雀码头不仅拥有码头区的历史资源，而且正好位于伦敦城市发展的空间轴线上。轴线一端是伦敦塔桥，代表伦敦的悠久历史，另一端是建于北格林尼治的千禧穹庐，代表城市的新生。项目在空间布局时整合了以上两个要素，使金丝雀码头区不仅成为码头区复兴的象征性空间，也是伦敦城市时空发展轴上的重要节点。

3. 用地功能的整合与变化

在由 SOM 所做的金丝雀码头城市设计中，28.76 公顷的用地被划分为 26 个地块，其中三个地块建设有地标性的超高层办公楼，其余为中、高层办公建筑和酒店。

这是个成功的有私人资本参与城市运营的案例，作为私人开发商和投资者，Olympia & York 对伦敦西区的贡献远超过了金丝雀码头本身的 150 万平方米的金融中心建设。开发商主导投资并建设了通往该区域的轻轨、

地铁Jubilie线、快速干道等基础设施。同时，以金丝雀码头为中心，西区已成为一个新兴的商业金融区，而不再是破落的码头仓储区。如今金丝雀码头已可与传统的伦敦金融中心——“一平方英里”相匹敌。

第四节　公众参与

公众参与泛指以普通民众为主体参与、推动社会决策和活动实施。20世纪80年代末，源于西方、体现民主意识的公众参与理念对我国景观设计领域产生了一定的积极影响。然而，直至今天，我国大部分景观项目仍缺乏有效的公众参与，一些需要公众意见的项目也只把公众参与放在设计方案的公众投票或公示阶段，这种情况下，公众只是方案的被动接受者，并不是真正的参与者。

在景观的规划与设计阶段引入公众参与，对使用者、管理者和设计者均有益处。对使用者而言，公众参与给了公众机会，用来表达和实现自身对环境的期望，多元的社会群体，特别是少数人的意见被采纳，可以增加市民对未来规划设计决策的信任感和喜爱程度。同时，公众参与也促进了市民对城市景观的理解力和市民素质的提高，从而发挥了景观规划设计的教育功能。对景观的管理者和设计者而言，公众参与是获得最终使用者信息和需求的良好手段，公众的多种价值需求也给设计者提供了更多的刺激元素，社会意识的增加可以避免设计者陷入形式的自我陶醉中。城市滨水景观设计往往尺度较大，这其中涉及的往往不光是不同个体的参与，更是不同群体利益的博弈。综合平衡了多种使用者需求的公众参与设计，有利于克服片面性，创造公平公正的景观，为景观规划设计实践提供获得长期成功的社会基础，发挥现代景观规划设计中的社会作用。

如图5-17所示，景观规划与设计中的公众参与有多种手段，在确定规划设计的方向和目标时，可以采用问卷调查、综合性论证会等方式；在规划设计和方案选择方面可以采用视觉意愿调查、设计图纸和模型展示、公众投票表决、评审委员会等方式；在规划设计过程的全阶段，都可采用情况通报会、热线电话、问题研究会、公众听证会等方式，还可以借助互联网手段让公众参与到景观规划与设计中。

图 5-17　公众积极参与（图片来源：https://www.gooood.cn/）

以西雅图海滨规划为例进行分析。

由于公共服务设施较多，西雅图中心滨水区一直处于极度繁忙与复杂的境况。多年来，中心滨水区的所有组成区域日渐分离和冲突。滨水区的附近区域被分割得支离破碎，阿拉斯加高架桥将城市和海湾分离开来。在城市更新的大背景下，应拆除原来隔绝市民与海滨的高架桥，重新打造西雅图中央滨水区。

景观建筑师带领由工程师、生态学家、设计师和艺术顾问、平面和标识设计师、建筑师及交通顾问组成的团队与投资者一起展开了滨水区的全景设计。

西雅图普通民众通过典型的民主程序参与了项目分析与规划的每一个细节，甚至包括选择设计团队。为了让广大社区民众参与决策，设计团队举行了大型公众会议，发布简报、发展合作并举办了 50 多个组织机构共同参加的圆桌会议。外联团队关注如何吸引新观光游客，如何将项目拓展至更广泛的社区以及如何开展与社区组织和领导之间的合作。与此同时，项目还建设了网站 waterfrontseattle.org，方便民众获取项目信息，更好地参与决策。

最终，前 21 个月的概念性工作都凝结在了规划和设计资料“西雅图滨水区”中。“西雅图滨水区”共有五卷，总结了目前为止西雅图滨水区规划和设计小组在详细分析区域规划，并涉及民间团体、业主、股东和相关市、州及联邦机构的大规模推广工作的基础上形成的所有设计思想。此外，还成立了一个由“草根”阶层支持，负责项目拓展、教育、宣传和筹资工作的非营利组织——西雅图滨水区之友，希望借此可以促进滨水区的管理工作。最终设计成果如图 5-18 至图 5-20 所示。

图 5-18　西雅图中心滨水区鸟瞰图

图 5-19　滨水区重要节点

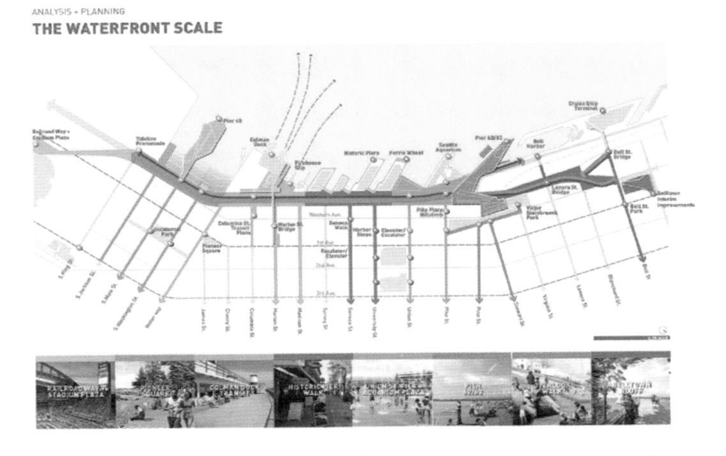

图 5-20　滨水区规模(图片来源:https://www.asla.org/)

因为这个项目极高的公众参与度，它获得了 2013 年 ASLA 专业奖。评审委员会对该项目的评价是:“该项目规模巨大，凝结了惊人的公众力量。

然而这个巨型的建筑项目却并不失柔和，它是一次伟大的分析和良好的沟通实践。这个项目一定会取得成功，因为西雅图喜欢这个新的滨水区。”

第五节　最小干扰

“干扰”一词是景观生态学中的一个概念，它是指剧烈影响生态系统、群落或种群结构，并能改变资源和物理环境的相对离散性事件。按来源干扰可以分成自然干扰（如地震、洪水泛滥等）和人为干扰（如烧荒种地、开山筑路等），所以，最初是生态学家研究得比较多。后来，随着景观生态规划和设计的兴起，理论研究转变到应用层面。考虑到生态系统的稳定性，“最小干扰”作为一种景观生态设计手法逐渐被提倡。这里的“最小干扰”特指人为干扰最小化，并能达到最佳促进效果的一种设计手法或理念，它既可以体现在开发建设过程中，也可以体现在项目建成后的使用过程中。

通过运用该理念，可以使基地的生态效益和经济效益最大化。一方面，基地经过多年的自我调节，已形成一个生态平衡系统，最小干扰理念就是将人类对这一生态平衡系统的负面影响最小化，并能通过恰当的设计手法，促进物质利用和能量循环，使该系统更加稳定，达到生态效益最大化。另一方面，“最小干扰”提倡尽可能利用原有地形地貌与植被，可以大大节约工程造价。

因此，如果基地原生态条件良好，或基地地形地貌富有特色，可以保留，或需控制开发成本时，都可以运用该理念。

以绿荫里的红飘带——秦皇岛汤河公园（图 5-21）为例进行分析。

1. 项目概况

设计公司：土人设计。项目规模：20 公顷。所获奖项：2007 年 ASLA 设计荣誉奖，2008 年国际建筑奖。

2. 设计策略

项目位于河北省秦皇岛，原有生态条件良好：首先，汤河水质清澈，下游设有防潮蓄水闸，可以维持本地段内水位恒定，因此，成为城市水源地之一；其次，汤河两岸植被以及水生和湿生植物茂盛，有大量的菱角、菖蒲和芦苇

图 5-21　秦皇岛汤河公园鸟瞰图

等植物，东岸也有成片的杨树、柳树和刺槐树；最后，这里也是多种鱼类和鸟类的栖息地，生境十分丰富。但与此同时，这里也是典型的城乡接合部，多地段成为垃圾场，污水流向河中，威胁水源卫生。场地内有众多残破的建筑和构筑物，比如厂房、农用民房、水塔、防洪丁坝、堆料场地等。又因河流下游已建成住宅，河道被花岗岩和水泥硬化，彻底改变了汤河的生态绿廊。因此，如何避免对原有自然河流廊道的破坏，同时又能满足城市化和城市扩张对本地段的功能要求，成为了本设计的主要目标。

为了保护原有的生态环境，项目运用“最小干扰”的理念，分别从以下两个方面采取措施。

(1) 保护和完善蓝色和绿色基底。

设计保持了原河道的自然形态，对局部塌方河岸采用生物护堤的措施。东岸较缓，因此采用植物自然缓坡。西岸较陡，根系裸露，采用枝条扦插加固。项目区域内有丰富的乡土物种，形成了一个由乡土植被构成的绿色基底(图 5-22)。在带状肌理上，以白砂为基底，种植草块及成排的乔木，如柿树、白蜡等，给场地带来明显的季节特色。场地周边保留了大量杨树林、槐树林，并适当补种同种植物，达到林木繁茂的景观效果(图 5-23)。并且项目严格保护了原有湿地和植被，要求施工过程中不砍掉任何一棵树。

图 5-22　丰富植被

图 5-23　红飘带与乡土植物

(2) 设计一条红飘带，艺术地引导人们在环境中体验自然，以此降低人类活动对自然的干扰。

这条红飘带贯穿整个场地，将各个场景串联起来。由于红飘带的主要材质是红色的钢板，因此它成为一条鲜明的指示线，引导人们在公园中进行体验(图 5-24)，有意地将人们的活动路线限定在该条红飘带上，以此减少人类活动对生态环境的干扰。并且，这条红飘带还特意设置了专门的动物通道，以避免对动物的迁徙和运动造成干扰。

图 5-24　鲜明的指示线

总的来说，方案遵循“最小干扰”理念，最终实现了城市化过程中对自然河道的保护，保留了自然河流的绿色和蓝色基底，最少量地改变原有地形和植被以及历史遗留的人文痕迹，同时满足了城市人的休闲活动需要，艺术性地创造了一种当代人的景观体验空间。

第六节　与洪水为友

众所周知，滨水区域极易受洪水威胁，所以在进行滨水景观设计时，大部分都需要解决洪涝问题。如何看待这一问题变得至关重要，因为对待洪涝的态度往往决定了应对策略和手法。

“与洪水为友”这一理念就代表了人们对洪水态度的转变。过去，人们将洪水视为灾害甚至是敌人，所想着的是如何抵抗洪水，将洪水阻隔在外。而“与洪水为友”的理念则是把洪水当作一种正常的自然现象以及一种可利用的自然资源，并且依靠大自然的生态调节功能，通过自然的手段来抵御和适应洪水。

对洪水态度的转变也带来了应对策略的变化。过去，为了将洪水阻隔在外，采取的都是传统的混凝土防洪堤模式。不仅破坏了大自然的调节作用，加大洪水灾害，而且把人们与水隔离开，剥夺了人们的亲水权。在“与洪水为友”理念的指导下，采用的往往是生态防洪的措施，如以生物防洪来适应洪水。这样不仅保护了自然生态环境，增强了亲水性，有更好的景观效果，而且由于恢复了大自然的自我调节能力，在缓解洪涝方面的效果也更为显著。

因此，在需要解决洪涝问题的滨水景观设计中，不妨优先考虑运用“与洪水为友”的理念，将洪水视为朋友，想办法让场地去适应它，让自然做功，更好地解决洪涝问题。

以黄岩江北公园为例进行分析。

1. 项目概况

设计公司：土人设计。项目规模：22 公顷。设计时间：2010—2011 年。

2. 设计策略

基地位于台州市黄岩区永宁江北侧，是一条需要满足滨江防汛功能的带状绿地。场地内现状驳岸有自然泥岸滩地、石砌和防洪水泥墙三种类型，混凝土固化驳岸虽然能满足防汛要求，但生态破坏严重，景观效果差。而自然的现状驳岸景观效果虽然良好，但无法满足防汛要求。因此，如何将固态驳岸形态生态化、自然化、景观化，与水为友，是本次设计的一大挑战。

为了实现以上目的，项目运用“与洪水为友”的理念，从江岸到内陆依次设计了三条绿带，用生态的手法来适应洪水。

（1）湿地保育带。

该绿带是靠近永宁江一侧的原生植被保护带。方案在保留原生植被的基础上进行生境修复（图 5-25），充分利用了乡土植被强大的洪水适应能力，满足 20 年一遇的防汛要求。

（2）内河净化带。

该条绿带位于场地中部，是一条江水净化带（图 5-26）。主要通过风车提江水（图 5-27），经水生植物净化（图 5-28）后，不仅实现了永宁江的水质净化，而且净化后的江水还能用于园内绿化灌溉。

图 5-25　原生植被保育带

图 5-26　内河净化带

图 5-27　风车提水

图 5-28　植物净化

(3) 梯田台田带。

该绿带位于最内侧,以错落的台田为肌理,不仅化解了场地内部高差(图 5-29),而且提供各类休闲空间。台田上以黄岩本土果树种植为基底,点缀色叶植被,形成一条独具特色的台田景观层。其堤顶路满足 50 年一遇的防汛要求。

图 5-29 梯田台田带

总体来说,方案遵循"与洪水为友"的理念,将粗暴的硬质驳岸改造为三级递进的自然防汛带,形成一条内河湿地系统,与洪水相适应,对流域的防洪、滞洪起到积极作用。并通过一条带有净化功能的滨江绿带净化永宁江的江水,恢复江水水质,使其成为永宁江的绿肺,同时也为周边的人群提供集散、休闲与健身的场所。

第七节 生产性景观

生产性景观以多样化的生产要素为景观基础材料,具备一定的生产物质产出功能,并能满足人对景观色彩、形式等视觉上的审美需求,是一种景观视觉效果较为突出、生产资料可持续并伴随休闲、体验、教育,甚至有文化传承意义的景观类型。根据景观类型,可分为粮食作物类、花作物类、茶作物类、药物类以及蔬果作物类。

追本溯源，这种景观起源于果木蔬圃，与中外早期园林相伴相生。比如西方园林就是从一些实用性的果树园、蔬菜园和葡萄园等渐渐向欣赏性的花园过渡而来的。而中国早期园林大部分也兼有审美和生产的功能，甚至是在生产性景观的伴随下出现的，如唐代长安禁苑中的樱桃园、梨园等。因此，最早生产性景观的主要功能是物质生产。

后来，随着城市扩张，人口增长与用地需求间的矛盾日益增长，城市周边农业萎缩，城市内绿地锐减，生态环境恶化。一方面，生产性景观可以保护城市生态和景观环境。另一方面，它不仅能为市民提供绿色休闲场所，还具有一定的物质产出功能，能有效集约利用城市及周边绿地。因此，生产性景观逐渐得到人们重视，开始被应用到城市各类景观设计中。同时，它也代表了一种美学观点，即自然之美和农业之美。

生产性景观作为一种景观要素，其功能也是多样化的。对于开发者而言，因其成本低廉，后期维护成本也低，因此，可以带来一定的经济效益。对于城市而言，因其有物质生产功能，故可以满足经济生产的需要。对于市民而言，它能提供观赏娱乐、生产体验、教育等景观精神功能，具备一定的精神生产功能。

因此，其使用范围也是多样化的，例如要求有生产体验、农业观光及教育等功能的场所，需节约开发成本及维护成本的场所，需营造田园风光或景观动态的场所，以及需提供物质生产的场所都可以运用该理念来实现项目需求。

以衢州鹿鸣公园为例进行分析。

1. 项目概况

设计公司：土人设计。项目规模：32 公顷。所获奖项：2016 年 ASLA 全美景观设计年度奖。

2. 设计策略

项目位于浙江省衢州市石梁溪西岸，处于衢州市新城中心的核心地段，基地被高强度开发的城镇环绕。现场地形复杂，有高低不同的红砂岩丘陵地貌、河滩沙洲，还有平坦的农田，沿河岸还有枫杨林带。在当下的中国城

镇化过程中，此类场地被视为杂乱丑陋且毫无价值。客户的要求也只是要将公园变为一个多功能的绿色空间，为市民提供休闲的机会。但设计师认为，该项目不仅是一个休闲的绿地，而且可以作为生态基础设施，并且应对气候变化、水资源短缺等时代危机，同时又让景观具备生产性和低维护性功能。

为了实现以上目的，项目运用“生产性景观”的理念，分别从以下两个方面采取措施。

（1）保留乡土景观本底。

项目保留了原有的自然植被，包括野草和灌丛等，成为后期引入的生产性景观的景观基底。同时也保留了原有的农田水系，充分利用基地资源为种植生产性景观提供条件（图 5-30、图 5-31）。农田里既可以种植水稻，也可以种植其他生产性景观，原有的水系则是天然的灌溉渠。

图 5-30　原有农田

图 5-31　规划建设后的农田

（2）丰产而富有变化的都市田园。

项目在保留原有植被的基础上，引植生产性作物，四季轮作。春天有油菜花，夏季和秋季有向日葵（图 5-32），早冬种植荞麦。并且轮作草本野花（图 5-33、图 5-34）。例如在草甸上种植野菊花，不仅可以观赏，而且是很好的中药材料。同时，还设计了两处大草坪供人们露营、运动，儿童嬉戏等，满足休闲娱乐功能。

总的来说，项目不仅体现了“生产性景观”理念，轮作了季节性的绚丽花甸，提醒了人们对四季变换的意识，也提供了物质生产和精神生产功能。而且体现了“与水为友”“最小干扰”等理念。公园自建成后，成为当地居民极

图 5-32　向日葵

图 5-33　草本野花 1

图 5-34　草本野花 2

为喜爱的休闲游憩场所，也成为衢州市的新名片。

第八节　公共健康

关于“健康”一词，可能很多人都会存在一定程度的误解，以为只要没有疾病就是健康，其实不然。根据世界卫生组织的定义：健康不仅是消除疾病或羸弱，也是体格、精神与社会的完全健康。因此，这里所谈的健康不只是医疗方面的问题，还应是环境、社会、生理、心理等多方面的健康。

有关景观与健康的关系，在国外，可追溯到中世纪欧洲的康复花园。当

时有很多修道士在庭院里种植了大量药类植物，以研究药理。后来病患使用和居住于这些庭院，证实这些植物对病患的康复起到了积极作用。在这之后，很多医院和康复中心都设立了康复花园，利用植物来帮助人们恢复健康。这是人们最早认识到景观对健康的积极作用。到了19世纪末，由于环境恶化、生态破坏，引发了各种疾病，影响公共健康。欧美国家开始进行城市环境问题整治，保证城市给排水通畅、日照充分、通风良好、空气洁净等，来遏制传染性疾病。这是环境恶化对人们健康造成的一次负面影响。20世纪以来，人们开始突破生理健康的局限，注意到社会和精神的健康，如田园城市理论。20世纪末至今，已发展到城市公共空间、绿色开放空间与个人及公共健康问题广泛结合的阶段。

而在我国，自古代开始，就强调与自然和谐相处，通过自然优美、协调平和的环境营造，达到养生的效果。新时代的中国，也提出"健康住宅""健康社区"等概念，但在探索过程中，发现良好的景观环境更有益人们的身心健康。所以，后来出现了"健康景观"这一概念，即能对人的健康和康复产生有益影响、促进人们形成积极的生活方式的景观。具体表现在四个方面：①景观自身健康，有丰富的植物景观、充足的阳光、自然风和高质量的空气，保证环境与自然的亲和性；②有安全无障碍的步行体系，能促进人们进行适当的日常体力活动，提高身体素质；③有多样化的空间环境类型，满足人群活动需求，增加社交机会，促进文化和精神健康；④整体环境有助于人们缓解释放压力，使人们在环境中获得宽慰舒心的感受。对于"健康景观"的研究与应用证明了人们越来越重视景观在公共健康中发挥的积极作用，公共健康已然成为景观设计中需要考虑的一部分，甚至成为一种设计理念，指导景观设计。

滨水景观作为一种特殊的景观类型，因水而生。水，既是良好的景观要素，也存在健康威胁，其水质的优劣影响了人们的身体健康。因此，结合"健康景观"的具体要求，滨水景观对公共健康的积极作用可从三个方面来体现：①改善环境，包括处理水污染、空气污染以及提升环境品质；②能促进人们形成健康的生活方式，加强康体运动，促进邻里交往；③使健康面向所有人。

这里介绍两个案例：一个是通过处理水污染以及满足各类人群活动需

求，促进形成健康的生活方式来响应“公共健康”的理念；另一个则是通过治理空气污染，提升环境品质，并创造和连接多个公共空间，鼓励人们从室内走向室外，形成健康的生活方式来响应“公共健康”的理念。

（一）纽约布鲁克林区郭瓦纳斯运河海绵公园

1. 项目概况

设计公司：德兰工作室。所获奖项：2010 年 ASLA 专业奖。

2. 设计策略

项目位于纽约布鲁克林区，郭瓦纳斯运河是一条常年受到工业废物和水污染的河流。水质已被列为纽约州地表咸水质量标准的 SD 级（其中的 S 代表咸水，以区别于淡水的 D 级）。SD 级是地表咸水的最低一级，此类水域被认定为严重污染，不适宜开展垂钓、游泳等水上娱乐活动。郭瓦纳斯河的恶劣水质已严重威胁到了周边市民的公共健康，所以项目急需解决这一问题，主要从以下三个方面采取措施。

（1）建立蓄水池，连接街道污水管。

纽约市大部分排水系统仍是雨污合流制的。暴雨时，降雨经雨水管汇入生活污水管网，与未经处理的污水混合后排放；而在降水量很大时，雨污合流溢流就会直接排入郭瓦纳斯运河，造成严重的水污染。方案设计了一个蓄水池，连接街道的污水管，以暂存来自街道的过量径流，之后再排入湿地池塘进行处理（图 5-35）。

（2）人工湿地池塘，植物修复水污染。

依据积水深度，垂直河岸分成三个区，每个区种植不同的植物来处理污水。一区（无积水）选用的植物有多花梾木、橙桑、红果桑木、白车轴草、美国皂荚、金露梅、路易斯山梅花、向日葵等，其中橙桑和白车轴草可修复多氯联苯污染，向日葵可修复重金属污染（图 5-36）。二区（0～5 cm 积水）选用的植物有平滑唐棣、玫瑰、沼生拉拉藤、金缕梅、山楂、拂子茅、木贼、接骨木等，其中玫瑰可修复多氯联苯污染。三区（0～30 cm 积水）选用的植物有杞柳、五节芒、红瑞木、红花半边莲、黄花柳（褪色柳）、垂穗苔草、浮叶眼子菜、浮萍等，其中除红花半边莲外均可修复多氯联苯污染，浮叶眼子菜、浮萍还可修复重金属污染。

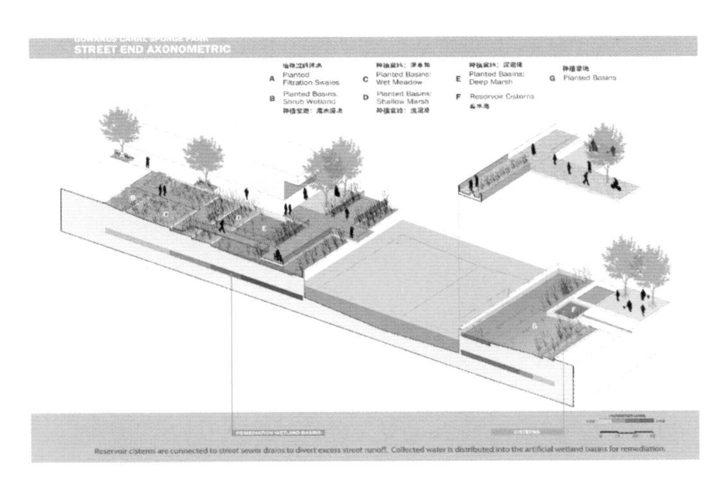

图 5-35　蓄水池及湿地池塘

(3) 线性步道串联开放空间,提供各种休闲活动场所,使人们更好地亲近自然。

这些休闲场所包括社区花园、狗公园、表演空间、咖啡馆、坐憩区、游船码头和展示空间等(图 5-37)。慢性系统与服务配套设施之间的联动,是构筑健康生活方式的措施之一。

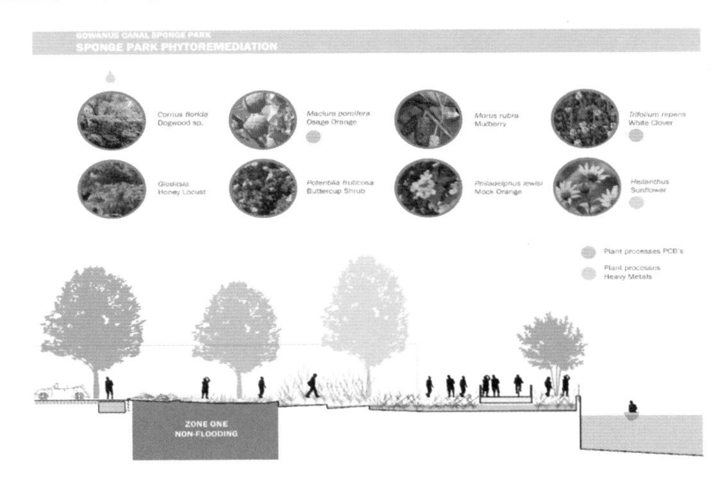

图 5-36　一区植物

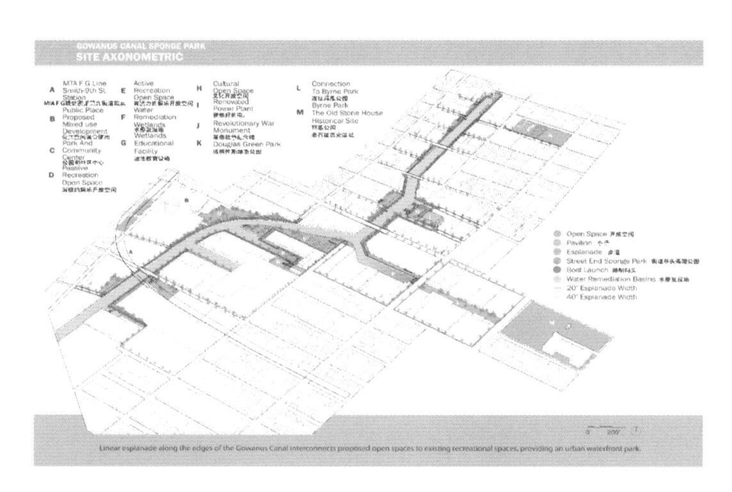

图 5-37　线性步道

总的来说，项目遵循“公共健康”的理念，修复了水质，还原了一个更加清洁的城市，同时也创造了一个宜人的生态休闲场所，使人们能更好地亲近自然，增加户外活动，有益于身心健康。

（二）休斯顿河湾绿道系统规划

1. 项目概况

设计公司：SWA 事务所。所获奖项：2016 年 ASLA 分析及规划类荣誉奖。

2. 设计策略

项目位于美国休斯敦地区，是从宏观层面利用景观规划手段来解决公共健康问题。休斯敦地区因为空气污染严重，哮喘、肺癌、心脏疾病等患者数量增多。由于对汽车和混凝土过度依赖，城市到处都是硬化铺装，人们出门都依靠车行，市民因缺乏必要的运动，肥胖率高达 65.8%。加之城市没有分区，因此无法建设足够的开放空间并连接它们。休斯敦一度被评为全国最不健康、公共空间最匮乏的城市之一。

同时，休斯敦虽河道众多，但因洪水泛滥，河道成为城市累赘，而非休闲娱乐场所。因此，项目的主要目标就是以河道为基础，沿河道规划城市范围内的绿道系统。提升城市的环境质量，将自然重新引入城市，增加人们的休

闲娱乐场所，鼓励人们走向室外，亲近自然，从而改善城市的公共健康问题。具体而言，项目从以下几个方面展开措施。

(1) 将多个生态系统编织在一起，增加了15.6%的自然植被，改善了环境质量。

从茂密的森林到开放的草甸，河湾绿道将不同的生态系统串联在一起。城市增加了2.6%的草甸和13.6%的森林覆盖率(图5-38)，又变得生机盎然起来，同时也改善了空气质量。

(2) 根据人口增长预测，创造新的公共绿地。

根据人口预测，到2040年年末，休斯敦人口将增加420万，所以城市需要更多的公共空间(图5-39)。再依据人口密度，确定新开发的公共绿地的位置及规模。

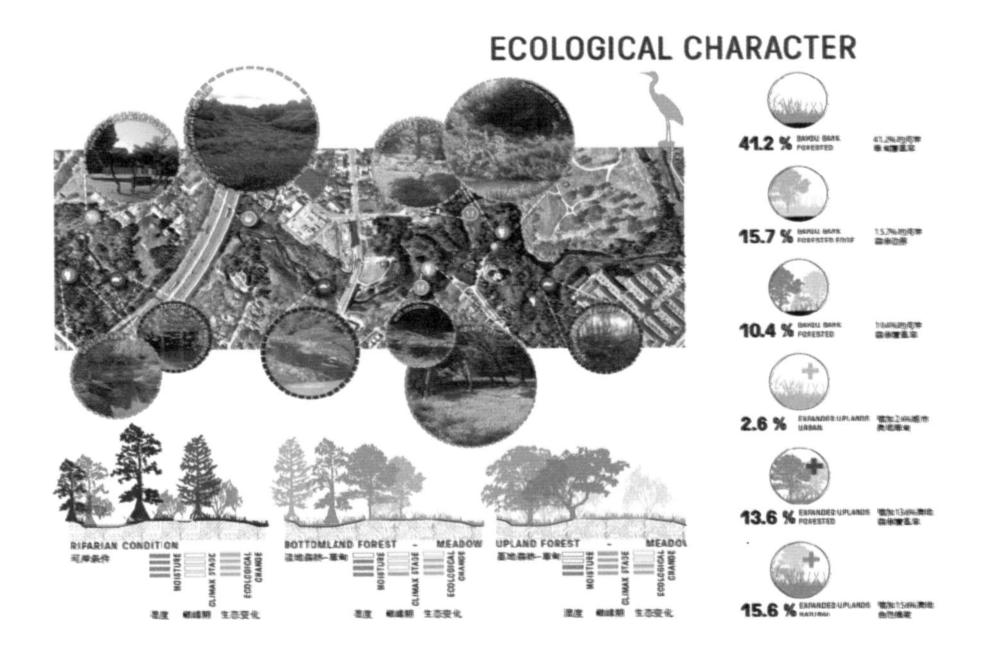

图5-38 绿道生态特征

(3) 线性的滨水绿道，连接各个开放空间。

规划将断开的河湾绿道连接起来，形成完整的绿道体系(图5-40)，并且

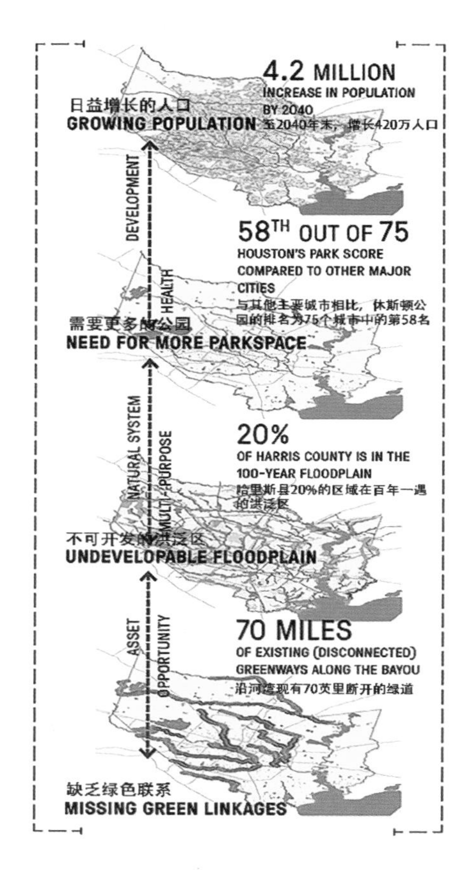

图 5-39 新增公共绿地

将不同的场所诗意地组合在一起。由于水域和河流在生态、人口统计、发展形态、河渠类型以及开放空间特性上都是独一无二的，公园也根据这些不同设计出多样化的场所。

（4）与邻近社区相互连接。

河湾绿道通过利用休斯敦的多样性，整合不同尺度的街区和人口，将休斯敦重新连接起来（图 5-41），让人们更加便捷地抵达各类开放空间。

（5）确定步道口、自行车共享场所以及亲水点。

依靠绿道，规划意在创造一个完整的步行系统，让人们减少依赖汽车，

图 5-40 河湾绿道规划图

图 5-41 连接邻近社区

增加步行机会，适当锻炼身体，以形成健康的生活方式。

总的来说，该规划创造了一条 783 千米长的线性公园系统，将哈里斯县 10 条主要的水道流域范围内的 190 万城市居民连接起来，并带来了包括经

济、环境与身体及精神健康方面的多项效益。据来自得克萨斯农工大学的John Crompton教授估算，其每年带来的效益将超过1.17亿美元(图5-42)。

图5-42　绿道效益

第九节　多学科技术支持

风景园林学科的知识体系是由当今世界全域学科的基础性知识系统组成的，其知识体系交叉跨界协同了各方面的综合性科学知识。城市滨水景观设计的广度和深度为信息技术的应用提供了良好的切入点，优美的滨水景观设计也需要信息技术提供强大的技术支持。

多学科技术支持可以分为以下几种类型。

1. 项目前期资料分析

①GIS可以将场地内的地形、地貌、水面、岸线等进行数字化处理。

②对水位进行模拟。

③其他资料的整理与分析。

2. 项目设计环节

①可视化设计：GIS采集到的水域数据资料以某种格式输入计算机内建

模，运用 OpenGL 可以得到水域三维视图，地形、地貌的真实展现极大地方便了设计人员的设计工作。

②公众参与：设计中通过信息技术可视化促进公众参与。

③科学决策：由以往的定性设计转为定量设计。

3. 项目管理阶段

信息化管理：通过信息管理平台进行管理。

案例一：快速景观原型设计机器（图 5-43）。

2010 年，南加州建筑学院景观学系的景观形态实验室研究者亚历克斯·罗宾逊在加利福尼亚欧文湖项目研究中，运用了基于人机交互的自开发分析工具“快速景观原型设计机器”，探索如何通过景观设计治理欧文湖严重的沙尘暴问题。亚历克斯·罗宾逊试图通过湖床的地形设计，根据地形与水体的关系分析，探讨地形形态，使其能高效利用水体来控制沙尘，同时还能满足人们对空间、视觉的感知评判。机器集成了地形模型建造工具、分析工具及展示工具。

案例二：沉积机器（图 5-44）。

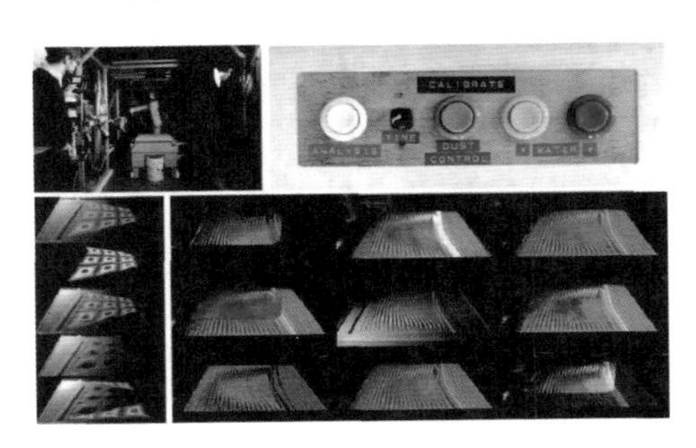

图 5-43　快速景观原型设计机器

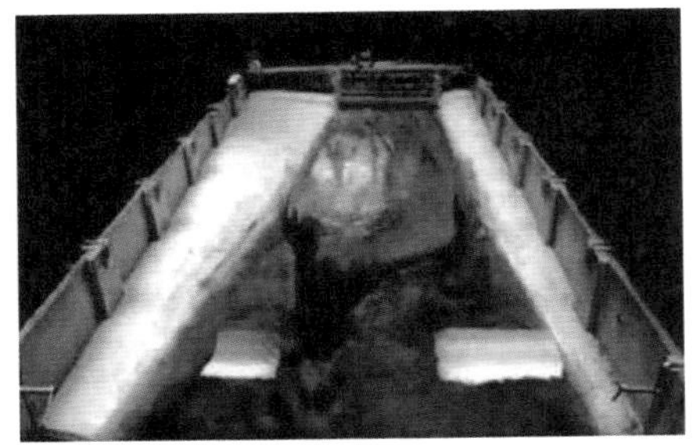

图 5-44　沉积机器致动溢洪道闸门泥沙模型

布拉德利·卡佩尔、贾斯汀·霍兹曼以及大卫·梅林在路易斯安那州立大学景观学系媒介与场地技术实验室设计了沉积机器。沉积机器是一个沉积模拟模型，用来作为解决路易斯安那南部土地流失问题的景观设计分析工具。沉积机器对大尺度分沙模式进行模拟，由实体模型模拟及数字模拟两部分组成。机器采用监测、感应及驱动工具，运用反馈回路来控制机器系统的运行规则，从而提出与河道沉积过程相关的相应大尺度景观设计策略。

案例三：无线感应真菌人文树道（图 5-45）。

"无线感应真菌人文树道"是台北艺术大学与淡江大学于 2010 年共同完成的台湾第一个将无线感应网络技术融入户外开放空间的艺术装置。它整合了无线通信技术、无线感应技术和互动技术等，期望通过装置让人们感受数字化艺术体验。装置通过环境感应节点收集环境的光线、温度、湿度及风力等信息，通过多媒体声音感应节点播放音乐与数字声音。装置提供了三种互动模式：音乐互动模式、推特社会话语互动模式及手机远程互动参与模式。

案例四：大型情绪交互装置（图 5-46）。

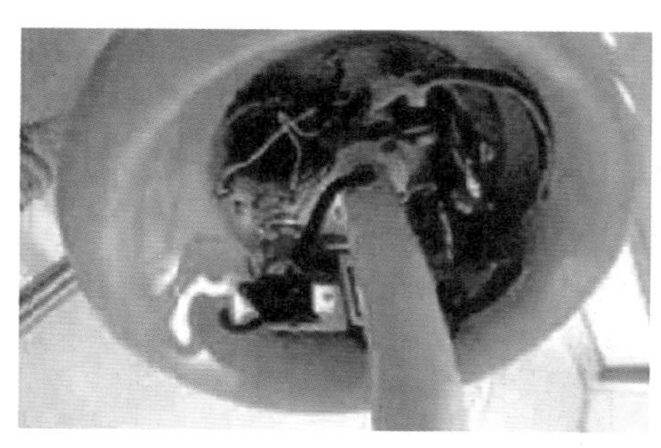

图 5-45　无线感应真菌人文树道中央控制系统

图 5-46　明尼阿波里斯市大型情绪交互装置夜间灯光变换

明尼阿波里斯市大型情绪交互装置是一个标志性的云状充气装置，置于明尼阿波里斯市会议中心广场上。装置通过搜索当地推特上的数据，运用文本分析收集人们在推特中表达的正面或负面情绪，并进行实时分析输入，夜晚通过 LED 灯光将数据可视化，低能耗的灯光悬挂在像汽球般鼓起的装置中，在日落后展示整个城市的情绪。灯光的颜色依据人们的情绪在冷色（负面）与暖色（正面）间转换，转变的速度与推特上的内容变化相关。白天则通过嵌入气球装置的喷雾装置，根据城市情绪的快乐程度，变换喷雾强度、反映数据信息，同时对场地进行降温。

第十节 空间构成原则

空间构成原则一般情况下主要阐述在三维空间构成中涉及的设计形式的规律与法则，有立体构成、色彩构成、平面构成三种类型。

在景观设计中，空间构成一是指空间维度的组织，二是指限定性空间形体的创造。

以临港二环带公园为例进行分析。

1. 项目概况

临港二环带公园位于上海市临港区，场地形状为环状，环中心为滴水湖。基于整个公园的尺度，分析城市周边的开发用地性质以及现有的和可能形成的景观类型趋向后，可以确定基地不应该只是一个公园，而应该是个由多主题的公园斑块形成的公园系统。基于公园周边的用地性质以及景观类型特色，每个公园斑块都被赋予了独特的景观主题。

2. 设计策略

城市公园带被放射状的城市主要道路分割为若干个65公顷左右的主题公园，以公园内的涟河为核心，结合原有自然地形塑造丰富的生态景观。

由于西侧两个区块土壤已改良，并种植了大量的树木，建立了主要的园路，因此设计着眼于在充分尊重现状的基础上提升公园的品质，促使其为人所用。主要措施包括通过少量调整园路布局和维护策略来更好地与周边连接，在各空间中结合合适的使用功能，通过创造特色景观，以令人难忘的空间体验来突出公园的个性。

考虑到北侧两个区块周边地块将在未来的十年中进行开发，它们可能需要更多的人为干扰来加速生态演替的过程。这样一来，当周边地块开发建设完成后，这两个区块也可以用作侧重于教育科学和娱乐的城市公园。临港的建设需要经过较长的一段时间才能逐步完成，因此整个公园的建设也应该是随着新城的建设发展与时俱进、动态演变的过程。在城市建设初期，公园起到的更多是生态修复、为未来做储备的作用。而在城市建设逐渐成熟之后，公园各部分也形成了较成熟的景观特色，有利于创造富有个性及独特的属于临港当地的公共空间。

以临港二环带公园为例进行分析。

(1) 方案采用圆形作为空间设计的基本语汇,呼应了滴水湖的总体设计概念——水滴,使公园成为整个滴水湖地区的一个有机组成部分。十种圆形空间的原型结合众多材料和尺度的变化,可以适用于公园里大部分的活动内容(图 5-47)。

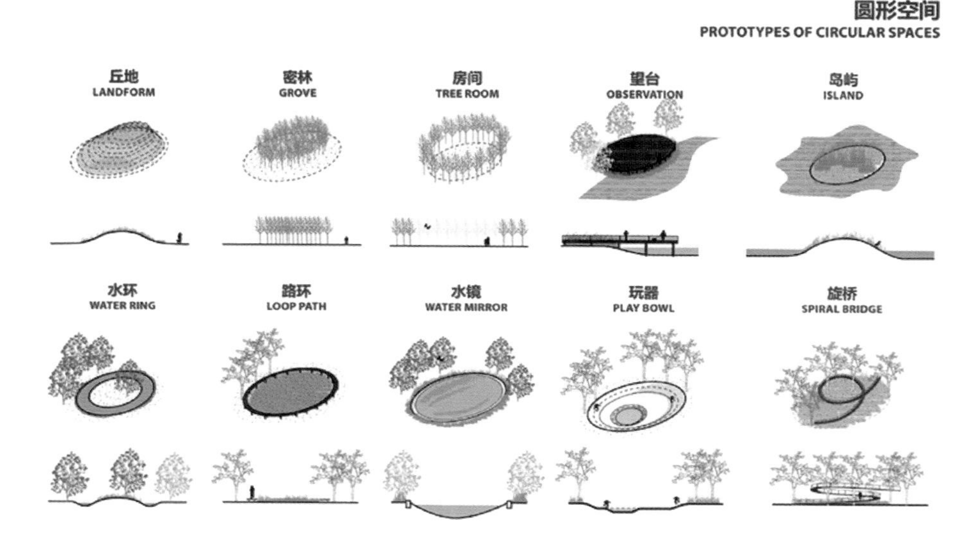

图 5-47　圆形空间在公园活动内容中的应用

(2) 设计概念起源于基地的自然特点——水和风,并将其运用于公园的空间构成之中(图 5-48)。公园由园路系统串联河道和各活动空间。一阵风掠过,水面泛起层层涟漪;水波荡漾,渐渐发散开去。涟漪叠合处,创造了适于植物修复的蜿蜒河道和避风的舒适空间;涟漪散开处,平静舒展的空间保留和创造了大尺度的自然景观,帮助土壤和水体去除盐分并保护海岸线。

在沿主导风向的开放场地,风力跑道和风动雕塑向人们展现着风的魅力。

(3) 作为当地开放空间系统的一个重要元素和整个滴水湖地区的一个有机组成部分,公园与周边相邻社区和开放空间紧密相连,创造了一个当地

的休闲运动网络和大型野生动物栖息地斑块，将人们的生活、工作、游乐与地区的大生态系统交织在一起。在尊重已建设景观、服务于周边功能、适应基地土壤和水质状况及充分考虑滴水湖地区开发时序的基础上，建议公园建设多样化的景观，包括森林、树阵、花园、草垫、草坪、农田、湿地、水体和广场等（图 5-49）。

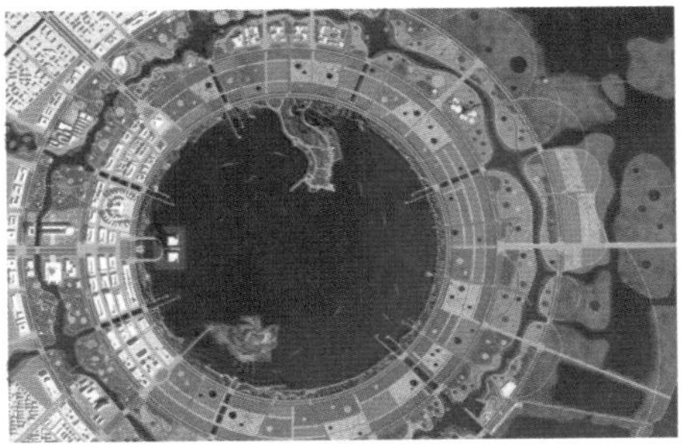

图 5-48　公园总平面图

图 5-49　园区内不同类型的植被选择

第十一节　LID 原则

低影响开发（LID）原则是一种强调通过源头分散的小型控制设施，维持和保护场地自然水文功能，有效缓解不透水面积增加造成的洪峰流量增加、径流系数增大、面源污染负荷加重的城市雨水管理理念。其核心是通过技术措施保持场地开发前后的水文特征不变。

结合中国特色和 LID 原则，中国提出了海绵城市的理论，即指城市可以像海绵一样，在适应环境变化和应对自然灾害等方面具有良好的“弹性”，下雨时吸水、蓄水、渗水、净水，必要之时将蓄存的水“释放”并加以运用。

LID 原则的内涵有以下几个方面：既包含对雨水积极有效的管理，又包含基于生态原生性、多样性的土地利用开发；从初期单一的针对雨洪管理扩展至土地生态化利用，并且还在不断延展；其目标是维持人工系统场地开发前的水文环境；技术从单一的使用物理生态技术逐步向综合运用各种手段对人工系统场地实行科学、可持续性的管理过渡。

基于 LID 原则的雨水应用措施如图 5-50 至图 5-53 所示，包含三个层面。

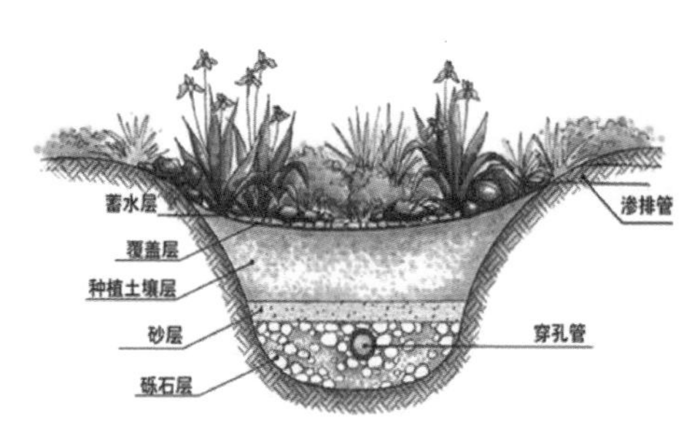

图 5-50　植草沟示意图

图 5-51　人工湿地示意图

图 5-52　透水铺装示意图

图 5-53　Ostim 生态园绿色屋顶效果图

(1) 源头技术措施：绿色屋顶、低势绿地、生物滞留设施、渗透铺装、雨落管断接、雨水桶/池等。

(2) 中途技术措施:植被浅沟、渗透管渠、植被过滤带、旋流分离等。

(3) 末端技术措施:雨水湿地、雨水塘、景观水体、多功能调蓄等。

在滨水景观中,LID 原则的应用可以分为三种类型:①多维度净水;②优化水生植物配置;③加强公众环保意识。

以迁安三里河生态廊道为例进行分析。

本项目位于河北省迁安市东部的河东区三里河沿岸。近年来,由于滦河水位和区域地下水位不断下降,三里河已经变成了一条季节性河流。在一年的绝大多数时间内,河床裸露,河底的淤泥臭气熏人。本项目将运用雨洪生态管理的渗透、滞蓄和净化技术,以及与水为友的适应性设计,并结合污染和硬化河道的生态修复,用最少的钱干预,保留现状植被,融入艺术装置和慢行系统,并将生态建设与城市开发相结合,构建了一条贯穿城市的、低维护的生态绿道,为城市提供全面的生态系统服务(图 5-54)。

图 5-54 生态绿道示意图

1. 防洪措施:采用双台式堤岸处理手法

保持现状河道的走向和宽度基本不变,作为行洪主河道和深水区。根据功能和景观要求在沿岸增加浅水区和湿地景观带。利用老河床的低洼地势,规划滨河活动带,控制灌木的种植,作为特大洪水的行洪通道,外侧的城市滨河带高程与城市道路和用地的高程持平(图 5-55)。

2. 引水工程：自流式引水与水位调控

在黄台湖上游滦河老河道上建设橡胶坝(图 5-56)，提高滦河水位。利用管道将河水引到滦河防洪堤外侧水闸处，在水闸下游设置“泉水”出水口，以明渠连通“泉水”与三里河老河道。调节输水管管径、坡降和控制点水位，利用水闸调节流量。

图 5-55 行洪通道示意图

图 5-56 橡胶坝示意图

3. 持水问题：河道防渗与拦水坝设置

根据河床地质状况决定河道防渗的工程做法，建议以黏土生态防渗措施为主。设置多个拦水坝控制水位，发洪水时利用翻板式水闸泄洪。

4. 雨污排放：截流、疏解与生态处理

闪截流城市污水(包括雨污合流管中的雨水)，使其进入城市污水处理厂。沿河设置多个雨水排放口，减小排放口的规格，保证雨水排放通畅，同时减弱对河道的冲击。利用湿地种植带过滤、沉积雨水中的有害物质，优化水质。

第十二节 景观生态学

景观从生态学角度讲，狭义上是指几十千米至几百千米范围内，由不同类型生态系统所组成的、具有重复性格局的异质性地理单元；广义上，景观是指不同尺度上具有异质性或斑块性的空间单元。

景观生态学则是研究空间异质性，人为和自然干扰过程，以及在不同尺

度上空间格局与生态学过程相互作用的科学。

其中空间格局一方面指的是空间构成，即景观组成单元的类型、数目以及空间分布与配置，另一方面指的是景观生态格局，即由空间、物质形态组合的景观生态结构和建立在景观生态结构上的由能量流、物质流形成的景观生态过程或者生态功能。

景观生态格局的研究单元一般可以划分为斑块(patch)、廊道(corridor)和基底(matrix)。

斑块泛指与周围环境在外貌或性质上的不同，并具有一定内部均质性的空间单元，一般可分为资源环境斑块、残存斑块、干扰斑块和引进斑块。其中资源环境斑块是因为环境资源不均匀而造成的，如水资源不均匀形成的绿洲、季节性湿地、滨江腹地的水洼等，对保持景观生态结构异质性有良好作用。残存斑块是景观整体受到景观生态过程的干扰，在其中残留的原有斑块，如城市建成区的小块原始绿地、山体等。干扰斑块是受突发的景观生态过程事件影响形成的斑块，规模较小，较容易恢复，如冰雹袭击的田地、季节性洪水淹没区等。引进斑块是指人类能动地改造自然，在自然基质内引入的人工斑块，如水库、农田、城市建设区等。斑块可以是生物的，也可是非生物的，生物如森林、草地、水生生物群落、动物居群及植物聚集斑块，甚至是个体植株，非生物的如地形、地貌区、土壤类型、水、光和养分的斑块分布，都可以作为斑块进行研究。

斑块边缘部分由于受外围影响而表现出与斑块中心部分不同的生态学特征的现象，称为边缘效应(edge effect)。许多研究表明，斑块边界部分常常具有较高的物种丰富度和初级生产力。边缘效应与斑块的大小、形状以及相邻斑块的基底特征密切相关。斑块形状和特点可以用长宽比、周界-面积比以及分维数等方法来描述。一般而言，斑块长宽比或周界-面积比越接近方形或圆形的值，其形状就越“紧密”，单位面积的边缘比例小，有利于保蓄能量、养分和生物；反之则易于能量、物质和生物方面的交换。

廊道指的是景观中与相邻两边环境不同的线性或带状结构。一般廊道在生态过程中，可以起到通道、屏障或过滤器的作用。例如当生物沿廊道迁徙时，这时的廊道犹如一条传输的通道，可以起到连通的作用，有益于景观生态功能;当物种运动时,遇到廊道则速度减缓或改变原来的运动方向,这时的廊道起着屏障或过滤器的作用,对景观生态功能的正常运作不利。同时廊道自身也可以作为生境,为生物提供生存场所,也可以作为能量、物质和生物的源或者汇。常见的廊道有河流、道路等。

基底是景观中分布最广、连续性最大的背景结构,可以分为自然基底和人工基底。自然基底主要由自然景观组成,是自然景观出露最多的景观基底。其生态的异质性、完整性和连续性保证了景观生态功能的自我平衡发展。人工基底主要由人工景观组成,是人工景观出露最多的景观基底。其景观生态功能的能量流、物质流完全在人类投入负熵的作用下存在,受人类的影响很大,不具有维持自我平衡发展的可能。

景观生态过程包括景观生态系统内部以及外界所进行的物质、能量、信息交换,以及这种交换模式影响下景观内部发生的种种变化和表现出来的连通性、延续性及稳定性等各种性能。

景观生态学对于景观设计的指导意义在于,它揭示了空间格局与生态过程的关系,而空间格局是景观设计的物质对象,生态过程可持续是景观设计中的要求和目标之一。因此在景观设计中,需要注意景观生态学的一些基本理论,以最终实现环境与生物相适应、静态与动态相协调、规划设计可持续的景观愿景。

健康的景观生态格局具有结构上的完整性,即景观生态结构具备区域自然生境所应包含的全部本土生物多样性和生态学进程,其结构没有受到人类活动胁迫的损害,本地景观及物种处在能够持续发展、繁衍的水平。

而结构上的完整性意味着景观的格局多样性与生物多样性,因此景观在空间上需要有一定的异质性。空间异质性指的是某种生态学变量在空间分布上的不均匀性及复杂程度,景观尺度上的空间异质性包括空间组成、空间构型和空间相关三方面的内容。

除此之外,健康的景观生态格局还应维持持续、稳定的景观生态过程。这要求我们在景观设计中,要保持组成景观生态过程的生物、基因、水、营养物、能量及用来形成并维持生境存在的物质流,这不仅是保障景观生态过程正常发展的前提,也是景观生态结构的完整性和空间异质性原则主张之一。

在自然过程和人类活动作用下所产生的景观生态过程包括五种:穿孔、分割、破碎化、缩小、消失。这些过程相互叠加,提高了景观的损失率和孤立性,同时也对景观生态格局和景观生态过程产生不同的影响。在设计中,为了维持生态过程的稳定,应建立对于积极景观生态过程的保护性阻力面,以规避或弱化人类建设活动对景观生态格局发展带来的不利影响。

综上所述,在景观设计中,需要注意保持景观生态结构的完整性和景观空间的异质性,以及景观生态过程的连通性和完整性。

具体到滨水景观,生态结构可以划分为地形地貌、自然水体、景观生境等自然景观,和建筑、广场、道路、驳岸等人工景观。其中小尺度的地形地貌、生境、建筑、广场可以视为斑块,自然水体、道路、驳岸可以视为廊道,大尺度的地形地貌、自然水体、生境、建筑及其附属空间可以视为基底。在设计时,应当考虑在上述景观生态格局中的生态过程,包括生物在不同地形地貌和水体中生存、繁衍、迁徙等需求,风道对植物传播、气候调节的作用,以及人类车行、步行、经济开发、休闲、商业、文化等活动。要保护资源环境斑块、残存斑块,降低干扰斑块、引进斑块的影响;加强廊道的通道功能,减弱屏障或过滤器影响;保证自然基质的异质性、完整性和连续性,人工基质的可持续性。

值得一提的是,由于边缘效应,有些物种需要较稳定的环境条件,因此往往集中分布在斑块中心部分,故称为内部物种。对于这些物种而言,圆形斑块更适合它们生存。有些物种适应多变或阳光充足的环境,主要分布在斑块边缘部分,称为边缘物种,针对这些物种,曲线形的斑块能为其提供更多的栖息地。也有许多物种的分布介于二者之间,因此在设计时需要均衡考虑这些物种的需求,对斑块的大小、形状作出适合的安排。

以翠娜提河道走廊(图 5-57)设计为例进行分析。

1. 项目概况

设计公司:Wallace Roberts&Todd,LLC。所获奖项:2009 年 ASLA 专业奖。

翠娜提河位于美国得克萨斯州达拉斯市。一条 56 千米长的土堤隔开了这座城市东部的市中心和西部的居住区,也隔开了城市与 931.5 公顷几乎无

图 5-57 翠娜提河道走廊鸟瞰图

法进入的、荒芜的泄洪道。翠娜提河便流淌在这条泄洪道当中。

2. 设计策略

达拉斯市委托设计单位修复翠娜提河道走廊的物质特征，以助力 2003 年远景规划的实现。项目的主要设计目标包括以下几个方面。

①建设一种生态可行、具有教育意义的景观，提供各种娱乐和锻炼的机会，并将相邻社区连接起来。

②能提供高度生态服务的景观，从碳封存、水循环和生物过滤，到可再生资源的能源生产。

③恢复翠娜提河的可达性和观赏性，并增强洪泛区的得克萨斯州黑土大草原特征。

④在提供生态和娱乐服务的同时，整合基础设施，包括电力传输、交通、防洪和运输。

⑤建设充满艺术性的景观，从地形构成及其物质条件到为艺术作品准备的永久性和临时性的场地。

主要内容包括设计由再生废水填充的休闲湖泊，保留具有蜿蜒度和栖息地的河道改造，以及一条 9.66 千米长的、修建在泄洪道内的收费道路——

翠娜提景观大道。

项目还面临着三大限制条件。

①整个公园定期将受到洪水的影响，可能会在100年的洪水高度下淹没7米以上的所有娱乐设施。

②所有改进都将由美国陆军工程兵团进行防洪审查和批准。

③长期维护和运营不能给城市公园和娱乐部带来额外的经济负担。

翠娜提河道走廊设计策略有如下三条。

(1) 保护资源环境斑块、残存斑块，降低干扰斑块、引进斑块的影响。

公园中心的天然湖位于翠娜提河道中段(图5-58)，是原有的湖泊，对其进行保护，旨在通过对柔软的河岸边缘和原生林地植被的支持唤起自然主义的感觉。

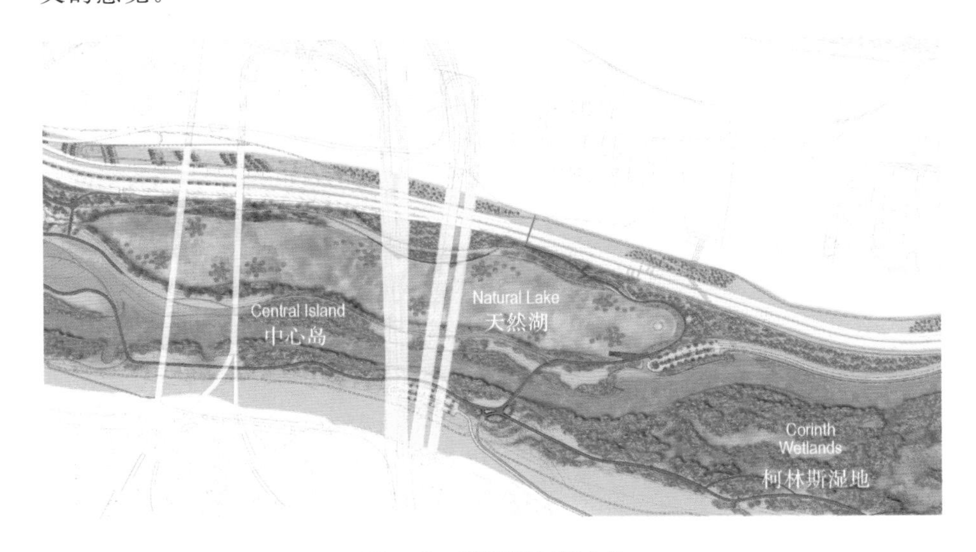

图5-58　翠娜提河道中段

为了降低洪水影响，计划将在西达拉斯社区附近建造一个48.6公顷、5.5米深的湖泊，以满足对汇流的需求。

计划中的人工景观有三部分(图5-59)：临时场所分散在公园内，长期使用的场所位于中心岛，还有十二个为艺术家打造的“议会圈子”隐藏在人迹罕至的角落，便于艺术家们思考、交流。长期高频使用的人工场所可视为引进斑块，集中布置有利于减小对环境的影响。

临时场所中的艺术作品

中心岛中的艺术作品

分散在各处的艺术家“议会圈子”

图 5-59　人工景观及其分布

（2）加强廊道的通道功能，减弱屏障或过滤器影响。

河道蜿蜒，连接牛轭湖、新兴湿地和多层河岸梯田，用于改善水质并建立新的河流路线，可作为野生动物走廊。

翠娜提景观大道（图 5-60）将进行各种绿色设计措施，包括风力涡轮机、太阳能电池板，收集灌溉用雨水，用于控制暴雨径流的生物过滤湿地和植被垂直壁（GSky 系统），可抑制声音、控制眩光和吸收碳排放。在泄洪道内建设了超过 48.3 千米的小径，便于慢跑和散步，以及骑马和骑自行车。一条 6.1 米宽的主要小径蜿蜒穿过河流，从达拉斯市中心和西达拉斯公园可以平等地进入公园。市中心一侧的城市湖沿岸提供了 1.6 千米长的长廊，供休闲散步。超过 80％的长廊处于荫蔽中，以用于调节微气候。

图 5-60 翠娜提景观大道

(3) 大量保留自然景观，保证自然基质的异质性、完整性和连续性，人工基质的可持续性。

大约 80%的公园区域被保留用于建造丰富、完整、连续、可以自然抵御洪水的低维护景观：草地(32%)、低地林地(10%)、河岸河流梯田(3%)、湿地(13%)、河流(10%)、湖泊(12%)。其余 20%的公园(约 194.4 公顷)有 13%为人工草场，剩余 7%用于集中建设小径和长廊、圆形剧场、游乐区和运动场。大多数设施建在两年一遇的洪水线以上，以减少维护和操作要求。设计的地形、植被、建筑及构筑物(包括翠娜提景观大道)的组合经过测算，可以安全地通过标准设计洪水，相当于 800 年一遇的洪水事件。

第十三节 远期规划可持续

1987 年，联合国世界委员会环境与发展相关工作的开展主题为《我们共同的未来》，其报告中提出："可持续发展是指既满足当代人的需求和愿望，又不损害后代人满足其需求的发展能力。"

滨水景观规划设计中的可持续，可以从以下四个方面来理解。

(1) 可持续的景观格局：通过判别和设计对景观过程具有关键意义的格局，建立可持续的生态基础设施，例如维护和恢复河流和海岸的自然形态，保护和恢复湿地系统。

(2) 可持续的生态系统：利用生态适应性原理，维护和完善高效的能源与资源循环和再生系统。注意维持景观中物种及生态过程的多样性，要使生物能够与环境相适应，并且降低人类干扰及人工物质的不良影响，使干扰程度在自然系统可承受范围内，可以通过提高生产力的方式，不破坏自然生态系统（例如桑基鱼塘模式）。

(3) 可持续的景观材料和工程技术：包括材料和能源的减量、再利用和再生。尽可能减少能源、土地、水、生物资源的使用，提高使用效率。利用废弃土地的原有材料，包括植被、土壤、砖石等服务于新的功能。

(4) 可持续的景观使用：经济开发上要能够保证适度开发，不竭泽而渔；社会层面要提高公民意识，积极参与景观规划与设计过程，不破坏景观环境和生态系统；景观管理与维护需要有政府政策方面的支持，或成立管理委员会等，保证景观能够保持良好状态，持续运营。

（一）特拉华河公民愿景和行动计划

1. 项目概况

设计公司：Wallace Roberts&Todd，LLC。所获奖项：2009 年 ASLA 荣誉奖。

在特拉华河流经费城的 11.3 千米内，工业污染、道路切割使得滨河区社区除了缺乏娱乐设施，还面临着许多环境问题：空气污染及以其为媒介的传染病肆虐、频繁的洪水和下水道出口设置问题等。

市民愿景项目由威廉·佩恩基金会环境与社区计划资助，2006 年市长行政命令授权，于 2007 年 11 月提出。有 4000 多名公民参与了由宾夕法尼亚大学公民参与项目组领导的、为期一年、大规模、公开透明的规划过程，得出目标和原则，之后由学术团队、顾问、非政府组织和公共部门机构组成的多学科团队运用其专业知识，并且在每个阶段都与政府和民间团体沟通（图 5-61），得到基于三个网络（交通系统、公园和开放空间、土地开发）的增长框架。

具体来讲，该计划意图通过建造 11 个新公园和 121.5 多公顷的河滨绿道来确保环境功能和公众利益，对河岸的生态栖息地进行生态恢复，多功能步道以及大范围的、步行友好的街道网络（包括公共交通和宏伟的市政大道），旨在改善滨河区社区遭遇的环境问题，通过建立城市与生态相互支持

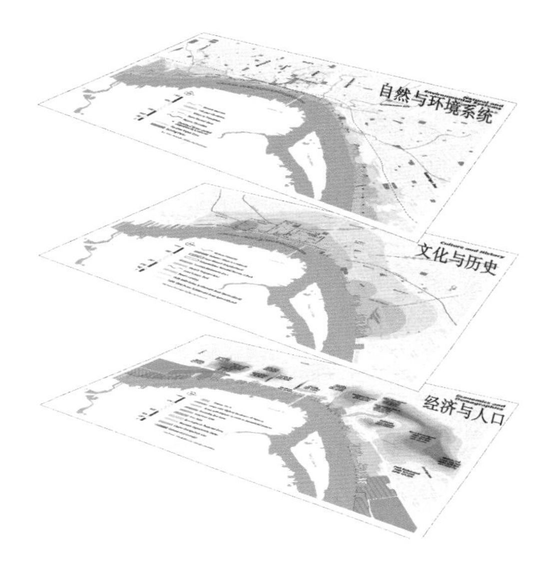

图 5-61 对历史、文化、生态和经济背景进行深入分析

的网络来维持地方可持续发展，并通过将市场需求转向可持续增长来实现区域可持续发展。

2. 设计策略

(1) 可持续的景观格局：通过判别和设计对景观过程具有关键意义的格局，建立可持续的生态基础设施。

顾问团队与市流域和国土部门密切合作，确定了潮间带湿地、其他河岸栖息地和公园的位置；建立了广阔的公园和开放空间网络（图 5-62）。该网络通过整合区域划分，编制保护区地役权，获取公园用地，恢复河流边缘以及创造潮间带湿地、其他河岸栖息地和连续的滨河步道，确保公众可以进入河滨。

通过开发历史径流和小溪，扩大了绿色网络的范围。

沿着弗兰克福德大道（图 5-63），展示了建设一条全面的绿色街道的方法：高架桥、LED 照明、线性公园、社区设施和雨水花园，引导行人和骑自行车者前往海滨绿道和公园系统。

(2) 可持续的生态系统：利用生态适应性原理，维护和完善高效的能源

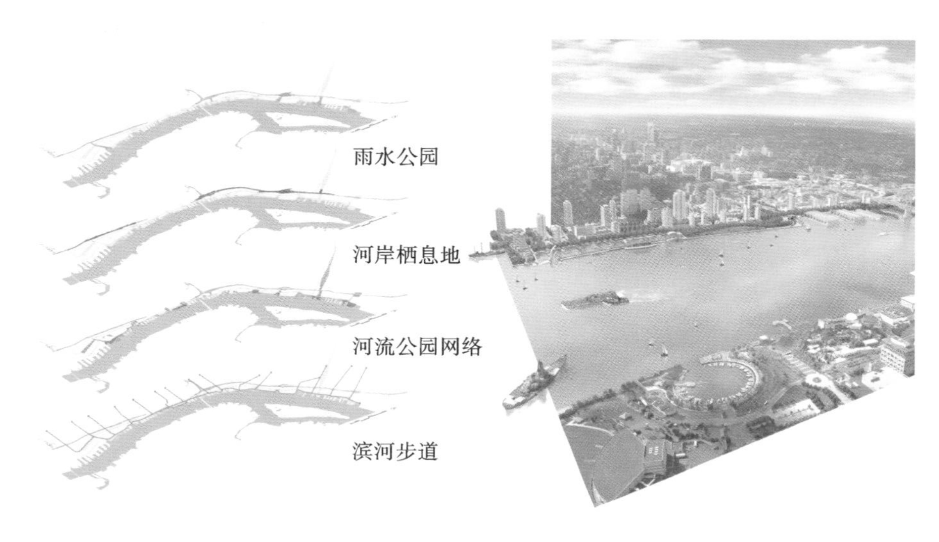

图 5-62　开放空间网络连接社区与河流

图 5-63　弗兰克福德大道

与资源循环和再生系统。

随着时间的推移，码头和浮动的潮间带湿地成为鸟类和本土植物的栖息地，河道的游客能够感受到正在恢复的生态过程（图 5-64）。

大多数工厂被拆除，保留了少数剩余的遗产并将其整合到公共景观中，例如宾夕法尼亚州立大学和普拉斯基公园。在宾夕法尼亚州条约公园，电厂恢复为河流边缘的文化中心（图 5-65）；在普拉斯基公园，历史悠久的龙门、码头结构和进水口成为潮汐湿地公园的一部分。

图 5-64　生态恢复过程

图 5-65　宾夕法尼亚州条约公园

高架桥连接区域各主要开放空间。

(3) 可持续的景观材料和工程技术：包括材料和能源的减量、再利用和再生。

新设计的吉拉德大道交会处下方的空间被设想为一个社区公园，其中包括过滤的雨水径流，种植的隔音墙以减轻噪音和空气污染，以及结构下方的 LED 照明(图 5-66)。

图 5-66　社区公园

(4) 可持续的景观使用：包括适度开发、公众参与、管理维护运营等。

规划与经济和社会变革相结合，在部分码头提供住房，并在距离河流边缘 45.7 米的地方开发混合用途项目。

增加 121.5 公顷的公园为目前毗邻河流的社区增加价值，并将成为后代的资产。拟建的公园将支持多项娱乐、雨水管理、野生动物栖息地和其他重要的生态功能。

公民愿景在上位市长的任期结束时才公布，因此需要新任政府的支持才能成功实施。为了确保在新市长的领导下实现愿景，实施依赖于多方面的利益相关者参与、公众力量以及短期和中期措施的规划。实现愿景的最

大挑战是管理机构的设置，并且需要对公共政策进行重大改进，部署监管工具，以最终实现愿景。

于是公民愿景的10年行动计划提出的10个行动，第一个就是建立管理机构。市长 Nutter 已经批准了该计划，并成立了特拉华河滨水公司，负责其余9项行动。

第三篇

案例解析

本篇通过分析两个案例来呈现城市滨水景观规划设计从概念思路到方法，再到实践的全过程。

第六章　梦泽湖水生态系统规划设计

第一节　项目缘起

我国城市目前普遍面临缺水与内涝并存的问题。在行业政策不断推动城市环境更新、城市旱涝防治战略积极重构的发展背景下，城市水域空间作为满足提升城市空间品质与升级城市滞涝防旱能力双重需求的物质空间载体，面临功能精细化的发展契机。城市人工湖作为当代城市水生态基础设施的重要组成部分，具有防洪抗旱、景观美化、休闲游憩等复合功能和较强的建设适应性与灵活性，目前也面临基础研究理论缺乏、功能定位局限、建设模式滞后的发展困境。如何保持水量平衡以达到雨洪调蓄目标，是地处高密度城市的人工湖所面临的主要挑战之一。

本项目研究面向海绵城市建设的水生态环境构建问题，以城市人工湖为研究对象，拟探讨、调控景观系统，以提升城市人工湖响应雨洪调蓄能力的风景园林学途径，并按照“基础认知—原理解析—方法构建—应用反馈”的路径展开。

基础认知部分，对景观生态学、城市水文学、生态水文学等与城市人工湖水量问题紧密相关的基础理论进行归纳，并通过案例分析总结了城市人工湖建设及其水量管控的历史智慧与当代经验。

原理解析部分，介绍了运用文献调研法和归纳演绎法所剖析的城市人工湖的水量平衡机制、城市背景下人工湖水量的受扰机制，梳理了城市人工湖水量平衡的计算与调控途径等基本原理，并进行了一定的应用转化。

方法构建部分，推理了景观与城市人工湖水文过程的关联性及以这种关联性为切入点介入调控城市人工湖水量的可行性与必要性，并在此基础上对城市人工湖的水文过程和景观系统分别进行了系统结构与系统要素的发散分析，同时运用关联分析法判别了城市人工湖景观系统与城市人工湖水文过程的耦合关系，建立了二者的耦合模式。

此项目将景观的物质空间特性与城市人工湖的水文过程进行了探索性的整合，对城市人工湖的水量保持问题进行了积极的求解，以期能够对城市人工湖景观设计的基础理论进行一定的补充和扩展，同时也能够为解决城市人工湖的实际问题提供一定辅助，对城市水生态基础设施和“海绵城市”的建设带来一定的理论借鉴和实践参考意义。

第二节　提出问题

随着城镇化快速发展，当下我国正面临着各种各样的水环境问题：洪水、城市内涝、水资源短缺、地下水位下降、水质污染、水生物栖息地丧失等重要问题。这些问题是系统性、综合性的问题。

千百年来人类的活动很大程度地改变了地球表面，尤其是 20 世纪的工业化和城镇化过程，给人类赖以生存的生态系统带来了巨大的冲击。

城市人工湖的形成是从无到有的“人造”过程，与自然地理环境条件下形成和发展而成的天然湖泊相比，生态结构较为单一，系统的稳定性较差。当前城市人工湖的规划研究还处于探索阶段(图 6-1)，景观规划策略、水体功能、补水水源水质保障、节水策略及水生态工程建设与维护等研究还不完善，针对性也不强。

作为人为构建的水系类型，城市人工湖的正常运行极大地依赖于水量的合理设计与水量管理调控。合理的水量平衡方案是城市人工湖水资源维持的先决条件；适配的水量调度方案是应对城市人工湖水量季节性变化的有力保障。

如何突破设计阶段论证板块缺失、量化手段缺乏等城市人工湖水量规划与管理所面临的难点问题(图 6-2)，以确保城市人工湖建设的可持续性，降低建设成本和运行维护费用，从而提升整体工程品质，这些仍需思索推进。

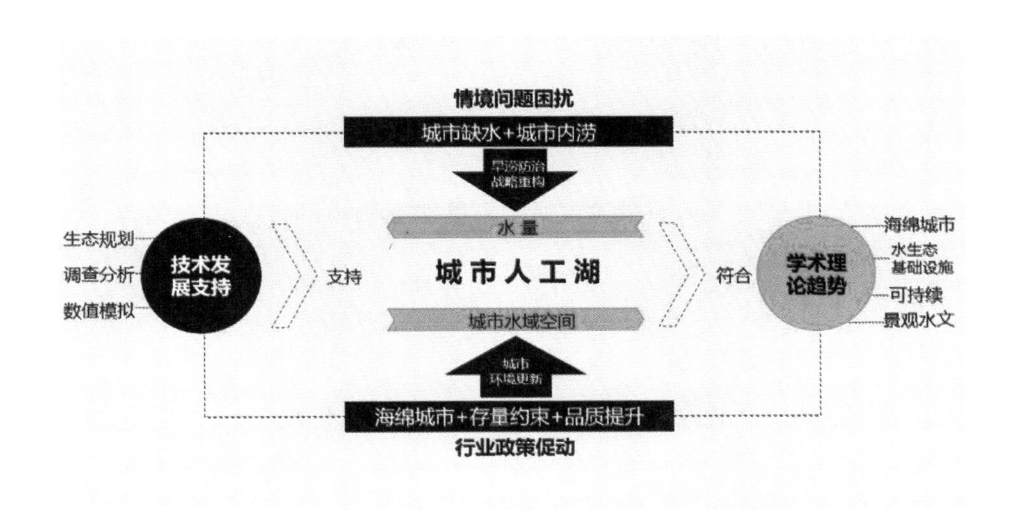

图 6-1　城市人工湖研究

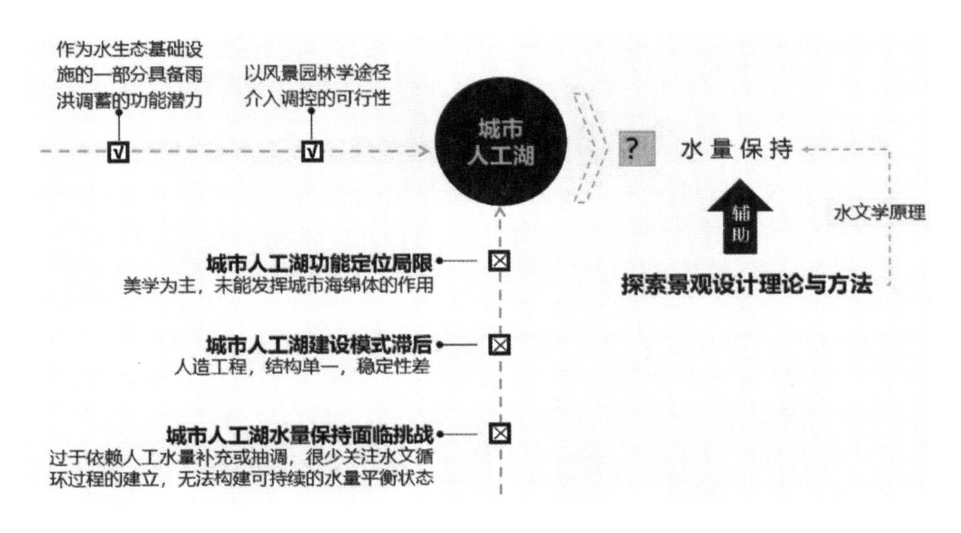

图 6-2　城市人工湖面临的问题

第三节 分析问题

一、城市人工湖水量平衡概念引入

湖泊是一个包含多个水文过程的复杂水循环系统，系统中每个水文过程均具有很大的不确定性。湖泊湖盆中所存储的水量及其变化是衡量湖泊水文情势的重要指标之一。气候变化和人类活动是驱动湖泊水量变化的两个主要因素。气候变化影响下垫面的降雨量、蒸发量、上下游径流量等水文情况，决定了湖泊水量的收支关系变化，对湖泊的蓄水量产生了长期的根本影响。水利工程调度、湖域内的建设改造等人类活动将改变湖泊的收入径流量，对湖泊的蓄水量有着较强的间接影响。

在气候影响下，自然湖泊的水量存在着较大的季节和年际差别，呈现出周期性或非周期性的变化规律，周期性的年变化量取决于湖泊水量的补给方式。与自然湖泊相比，城市人工湖往往缺乏稳定的补水水源，储水量年际蒸散量和降雨量具有明显的季节性，需要借助人为的水资源调度与管理维护运行。自然湖泊与人工湖泊几乎拥有相同的生物种类和相近的生境条件，在氧化还原反应、捕食—被捕食关系等方面的规律原理较为一致。不论是自然湖泊还是人工湖泊，水量变化引起的水位波动都会对水生动植物、底栖生物群落造成一定影响，为避免对湖泊生态系统造成不可逆影响，往往需要保持一定的蓄水量。

二、城市人工湖水量平衡的内涵与条件

此次研究意在解决补水源单一情况下城市人工湖运行的水量问题，为明确研究要达成的功能目标，故对要实现的城市人工湖的状态进行定性描述，对水量调控的目标进行定量的阈值约束。依据生态水文学中的生态需水量的基本原理设定目标体系的下限，及生态学水生生态系统向优演化的条件设定目标体系的上限，界定出城市人工湖水量保持的内涵为响应人工

湖水文变化规律的，处于最低生态环境基流量与湖泊生态系统演化最适需水量之间的持水量变幅状态，即城市人工湖水量保持状态。确保旱季时的最小蓄水量与雨季时的最大蓄水量均不对湖泊生态系统的结构与要素产生损害，并能促进城市人工湖所承担的防汛、供水、景观等功能正常运行的水量变化状态(图 6-3)。

图 6-3　城市人工湖水量平衡概念

三、城市人工湖的水文循环机制

因受到质量守恒定律的支配与多种外力的驱动，地球上任意相态(固态、液态、气态)的水在不断地进行着循环运动，并保持着永不间断的连续性，由此构成了没有开始和结尾的巨大、复杂的水循环动态系统。水循环各层级子系统间的联系是通过一系列质量与能量的输入和输出实现的，水量平衡便是对水循环的一种数量表示，是质量守恒定律在水文循环中的特定表现形式。

水量平衡的基本原理：在给定的任意尺度的任意空间的任意时段内，水的运动(包括相态变化)是连续的，遵循物质守恒定律，保持数量上的平衡，即水循环过程中收入与支出达到平衡。可概括陈述为，在一定的时段内，研究区蓄水的变化量等于系统输入的水量与输出水量的差值，根据水文基本术语与符号标准表达为通用一般公式：

$$\Delta S = I - O \tag{6.1}$$

式中，ΔS 为系统的蓄变量，I 为系统输入水量，O 为系统输出水量。

水量平衡方程所揭示的是研究区域水循环过程的本质，水量平衡关系的确立建立在对研究区域内的水分循环机制充分认知、深入了解的基础上。确定人工湖的数量与水量的循环关系是人工湖规划设计、工程设计、运行管理关注的主要内容之一，掌握人工湖的水量平衡规律，厘清人工湖的水量平衡机制，是实现人工湖的合理开发、水资源的有效配置和利用的必要条件。

人工湖是人类仿照自然湖泊的系统要素、结构所营建的相对封闭的以积水为主的水文区域，其水文基本特征趋同于天然湖泊，故其水文循环过程与特征可以天然湖泊的水文循环规律为基础进行思考辨析，人工湖的水量平衡也可根据湖泊水平衡理论加以推导。但因人工湖是在人类规划设计、建设施工驱动下所形成的，其水系统仍具有部分依赖于人为调控的属性特征，城市人工湖的水量平衡过程反映的也是连续性的自然水文循环片段与人工对自然水文循环过程干预的总和。厘清城市人工湖水系统的构成可更为全面地确定人工湖水循环系统的组成部分，更为准确地把握人工湖的水量平衡要素。

湖泊的自然水循环同样是水体通过蒸发、凝结、降水和地面径流与大气联系起来，蒸发降水又返回集水区地表与湖面的基本往复交替转化关系。在湖泊的空间尺度下，具体表现为湖区降水过程、径流过程、入渗过程、蒸发过程四个主要的过程，共同构成了湖泊的水循环过程。天然状态下的湖泊水循环过程在湖泊空间结构特征下的具体表征归纳与相关水文过程关系如图 6-4 所示。

城市人工湖的自然水系统以自然界的天然能量为驱动力，它整合了城市人工湖建成后所具有的水体蒸发、水汽输送、降水、下渗等自发的水文过程形成的自然水循环序列所建立的水系统运行结构，该运行过程所涉及的水体、植被等物质载体，以及湖盆、湖岸带、集水区等水文过程发生的空间要

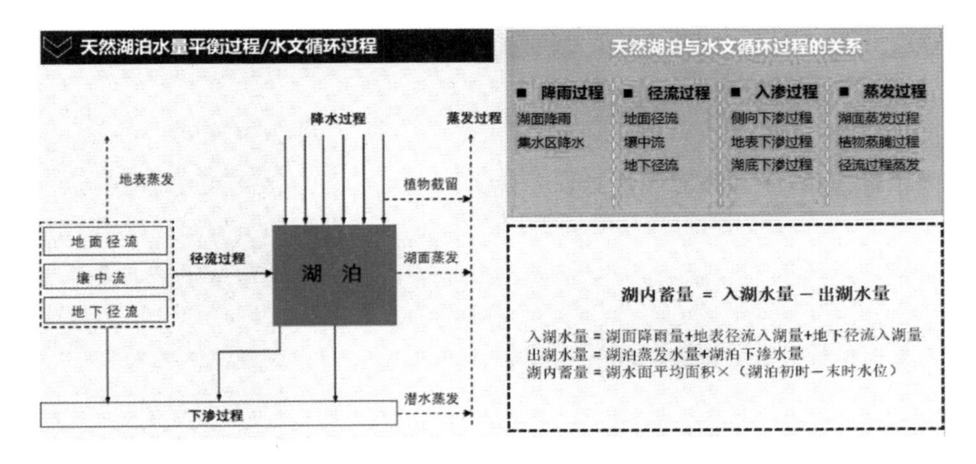

图 6-4　天然状态下湖泊的水循环过程

素。在不考虑人为因素干预的情况下，自然水系统部分的水量平衡关系仍适用湖泊水量平衡原理及基本分析计算公式。

通过城市人工湖泊不同动力驱动下形成的水系统组成部分、运行过程、载体空间的梳理，归纳了城市人工湖泊水系统所具有的“自然—社会”二元属性特征，具体表现在水循环的结构、路径、参数、驱动力四个方面。从系统的视角来看，人为驱动规划设计、建设施工下形成的城市人工湖，其水系统是一个包含了自然要素、空间要素、工程要素、管理要素的复合系统。人工湖的自然水系统和社会水系统耦合的结构可表达如图 6-5 所示。

四、城市人工湖的水量平衡方程

城市人工湖的水系统运行是以自然水循环为基础，以社会水循环为引导辅助的循环过程。由于受人工规划调配的人工水循环系统参与构成了城市人工湖水系统框架，故城市人工湖的水系统在结构上是开放化的，具有弹性和动态变化的特征，具备改造和调控的灵活性，这也正是城市人工湖系统可以进行优化升级的基础所在。

另外，城市人工湖泊的自然水量平衡过程、要素等与天然湖泊的水量平衡关系趋同。而城市人工湖的社会属性是城市人工湖在水系统要素、结构、

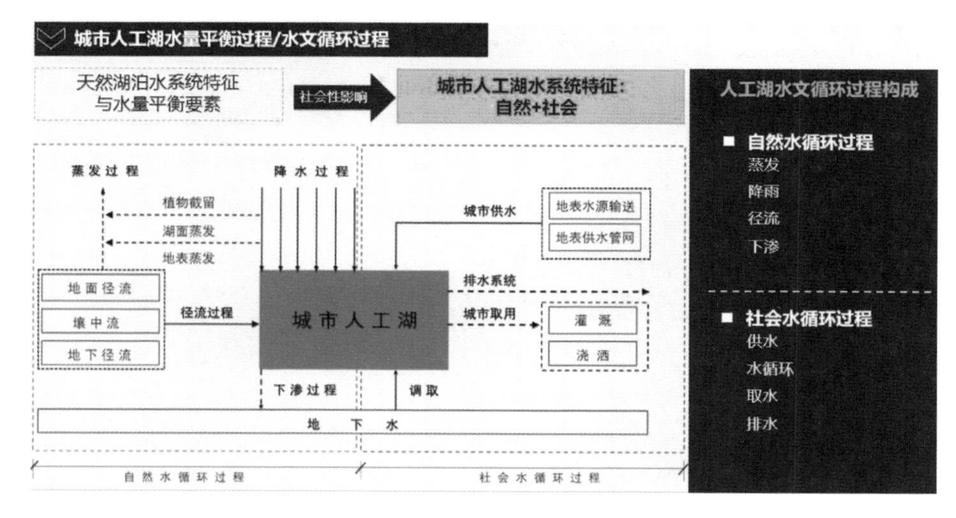

图 6-5　城市人工湖的水文循环过程

水量平衡关系上区别于天然湖泊的关键所在，通过归纳城市人工湖的社会水系统平衡原理，依据城市人工湖的综合水系统结构，对城市人工湖的综合水量平衡过程进行了梳理。

城市人工湖在任意时间段内人工水循环的主要过程有供水过程、水循环过程、排水过程、取水过程，这四个主要过程决定了城市人工湖的社会水系统水量平衡关系。其中供水过程为主要水量收入过程，排水过程和取水过程是主要水量支出过程，在该子系统层次上的水循环过程概念仅为过程量，并不产生水的数量变化。由此推导出城市人工湖社会水系统的主要水量要素为地表水源调水量、地下水源调水量、湖体溢流量、管网系统抽排量、绿化灌溉取水量、道路浇洒取水量及其他用途取水量等几项。

从宏观层面来说，城市人工湖的水量平衡过程仍受质量守恒定律的支配，可根据其水系统结构和自然—社会的水循环过程写出水量平衡的关系方程式，通过对湖泊水量平衡关系与人工湖人工水量平衡关系的耦合，将城市人工湖的综合水量平衡过程(图 6-6)表达为如下方程式：

$$\Delta(\text{湖内蓄量}) = W(\text{补入水量}) - W(\text{支出水量}) \qquad (6.2)$$

式中，W(补入水量)＝湖面降雨量＋地表径流入湖量＋地下径流入湖量

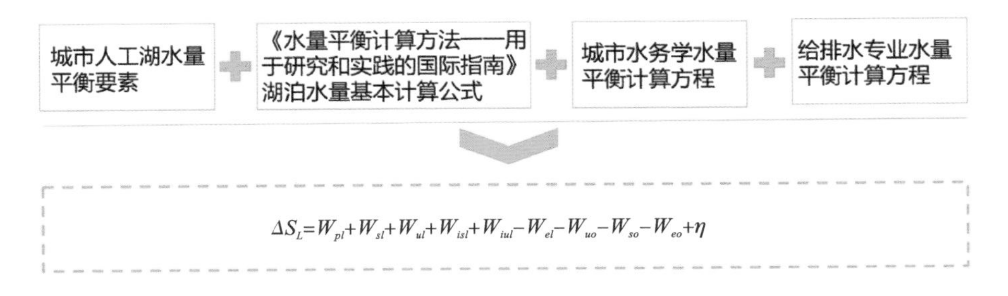

图 6-6　城市人工湖的综合水量平衡过程

＋地表水源调水量＋地下水源调水量；

W(支出水量)＝湖面蒸发水量＋湖体下渗水量＋湖体闸口溢流量＋管网抽排量＋湖区取用水量(绿化灌溉取水、道路浇洒取水量、其他用途取水量)；

Δ(湖内蓄量)＝湖水面平均面积×(湖泊末时—末时水位)。

城市人工湖具有较为复杂的水量平衡关系，其水量构成要素的计算方法还有水文测验、定额法、调查统计等多种方式。因研究目标的精度需求与研究能力的局限，在此次研究中仍采用定性的水量平衡差值计算法。根据城市人工湖水量的收支关系，将城市人工湖的水量平衡要素初步划定为湖面降雨量、径流水量、水源调水量、湖面蒸发水量、湖体下渗水量、湖体闸口溢流量、管网抽排量、湖体取水量等八项(图 6-7)。

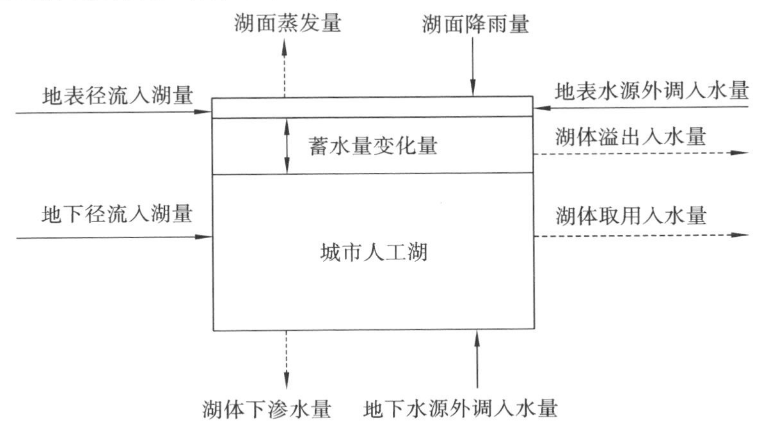

图 6-7　城市人工湖的蓄水量变化

第四节　景观解决途径

一、城市人工湖的景观系统

城市人工湖目前暂时没有提出相关的景观体系。从城市人工湖实践的建设模式来看，城市人工湖多是包含在城市综合公园内的大型景观水体，往往作为城市蓝绿综合的基础设施单元，是城市绿地和游憩系统的重要组成部分。通过与景观设计对象空间尺度的比照，城市人工湖空间尺度下的景观属于场地规划设计的工作内容，其主要目的是协调和安排场地内的自然元素和人工元素，以体现出场地的秩序性、效率性、审美性和生态性目的。故从已较为成熟且相似的城市景观系统、湖泊景观系统和公园景观体系来归纳萃取，总结城市人工湖的景观系统内涵。

城市人工湖景观系统是对景观要素实体和景观要素相互作用、相互联系的空间所共同组成的有机整体的表达。可以从以下三个方面切入理解城市人工湖景观系统（图 6-8）的概念。

（1）城市人工湖的景观系统由若干景观要素（部分）组成，包括非生物要素、自然要素、人工要素和管理要素等。每个要素本身就是一个子系统，如地质、地貌、土壤等非生物要素子系统。

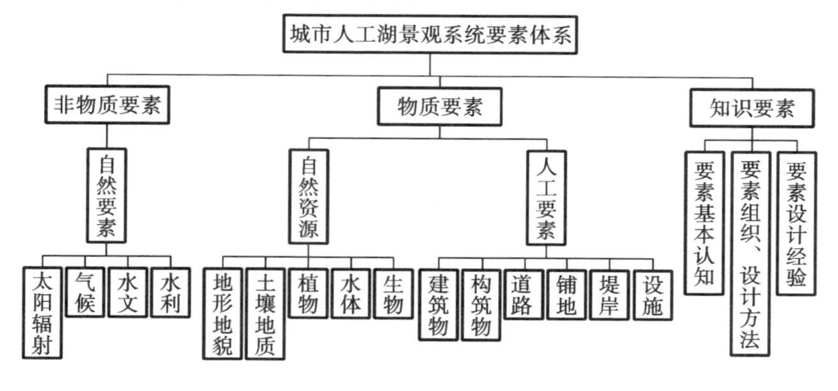

图 6-8　城市人工湖景观系统

(2) 城市人工湖的景观系统具有一定的结构，景观系统的结构是将城市人工湖的景观要素以相对稳定的方式进行联系的组织，如在城市人工湖场地功能分区组织下形成的景观格局及平面形态结构。

(3) 城市人工湖的景观系统具有一定的功能，或者说城市人工湖景观系统的运行有一定的目的性。城市人工湖景观系统的功能就是在与外部环境相互作用、相互联系中表现出来的性质和功能，如生物栖息地、休闲娱乐、视觉美观等功能。

二、城市人工湖景观系统的要素组成

景观要素是构建城市人工湖景观系统的基本元素。借鉴城市景观 ABC (abiotic、biotic、culture)的划分方法，城市人工湖的景观要素可以划分为非生物要素、物质要素和文化资源要素三个属性类别。其中非物质要素是指对城市人工湖区产生影响与支撑作用的自然条件，如太阳辐射、气候、水文等基础条件；物质要素是指地形、水体、植物、动物等自然要素和道路、堤岸、建筑、设施等人工要素的总和；知识要素是指代人类的活动及活动产物，如对城市人工湖设计素材特点和基本知识的认知，以及针对城市人工湖非生物要素与物质要素所形成的组织方式、设计经验、设计方法等。这三大要素构成了城市人工湖的景观要素体系，并在一定的组织方式下相互配合，呈现城市人工湖景观。一般概念所理解的景观要素，即城市人工湖景观空间的实体物质要素表达，同时它也是景观设计的素材和内容，主要包括地形地貌、水体、植被、铺地、道路、堤岸、建筑物和景观小品等要素类型(图 6-9)。

三、城市人工湖的景观要素与水量平衡过程的耦合

城市人工湖可持续水量调控的基本原理就是尽可能地完善或建立自然的湖泊水循环过程，最大限度地借助自然动力下的水分转化与时空分布，辅助保持城市人工湖运行水量动态平衡关系。湖泊的水文循环过程是一个分布在湖泊汇水区范围内相对闭合且不可视的概念过程。城市人工湖水分转化的作用界面也绝不仅仅局限于湖盆的空间范围内，相对完善的城市人工湖自然水文循环过程的建立，依托于以城市人工湖水体为中心的一定辐射

图 6-9　景观七大要素类型

范围内的周边空间区域，需要整合考虑水体与周边区域空间环境的相关关系。

城市人工湖自然水文循环系统的建立需要在其发生的空间范围内尽可能地增加、恢复自然的地表环境条件。为蒸发、下渗、径流等水文环节提供必要的作用界面，是建立稳定的水文循环过程的有效途径。城市人工湖所处的地理环境多为高密度的城市建成区，目前在进行的城市人工湖的实践多是以具备生态、景观、休闲等多目标功能的城市公园模式推进，具有一定的景观配套设施，可作为城市人工湖水文循环的作用空间。

景观空间是城市人工湖水文循环单元空间范围内可承担水文功能的潜力空间与物质载体。整理景观系统，辅助构建相对闭合的水文循环过程，是一种既能拓展水量平衡要素，又可建立水文转化过程通道与界面可行、低碳、稳定的途径。

在传统的城市人工湖规划设计工作模式当中，水体及水量属于工程设计的部分，而景观系统的设计则更多关注生态功能、视觉美化和休闲空间的营造等。两个系统在规划设计过程中壁垒分割，建成后独立运行。水分是在城市人工湖蓄水体与城市人工湖景观系统间迁移转化的动态介质，要想利用景观系统更好地构建城市人工湖的水文循环关系，以促进水量的保持，

就必须对城市人工湖的景观系统与水文循环系统进行耦合。进行系统耦合的目的就是在对两个系统的结构与要素进行梳理后，求解其在空间结构、物质载体与功能作用上的契合关系，以促进在景观系统的物质载体与空间结构上实现对城市人工湖泊水文循环部分水文功能的耦合。要进行两个系统的耦合，就必须对两个系统深入解读，发散分析，然后分析其关系。在分析系统耦合的过程中找到契合关系、不相容关系与对立关系。根据耦合分析的结果，可以强化契合的关系，对于不相容的关系，进行具体目标导向下的求解，最后构建出城市人工湖水文过程与景观系统的耦合模式。

系统关联建立在对系统构成与系统运行深入了解的基础上，任何系统的构成均具有系统要素和系统结构两个层面。传统的景观设计在解读客体研究对象时多依赖于感性方法，缺乏逻辑准则，整理时容易出现信息的遗失或重复，且难以显示出信息间的相互关系，在反映事物复杂性方面具有一定的局限性。

基于城市人工湖的场地地理空间尺度，对其水文过程与物质空间的投射关系，及城市人工湖场地水文过程的尺度与空间边界进行深入的分析，并对城市人工湖景观系统的空间结构进行剖析，归纳城市人工湖景观系统的基本构成要素。由此，建立“空间元—物质元—功能元”的基元模型，导入发散树的基本逻辑架构，对城市人工湖水文过程与景观系统进行形式化、有条理的描述，更为直观地反映两个系统内部的基本结构，进行基本信息的整理，如图 6-10 所示。

通过对城市人工湖景观系统和城市人工湖水文循环过程的空间元和物质元的分析，梳理了城市人工湖景观系统的构成要素和架构，及城市人工湖水文循环过程的空间表征与物质载体。系统功能协同是进行两个系统关联分析的基础，城市人工湖水文过程和城市人工湖景观系统的空间基元与物质基元间既具有静态的相似性，也有动态的互动性。分析这两个基元的关联关系，厘清其系统间互动、协调的作用，实现场地水文功能的作用关系，关联分析的基本模型如图 6-11 所示。

该关联分析模型分为三个主要分析模块。分析模块一以城市人工湖的水文过程（降雨过程、下渗过程、径流过程、蒸发过程）为出发点，首先分析了

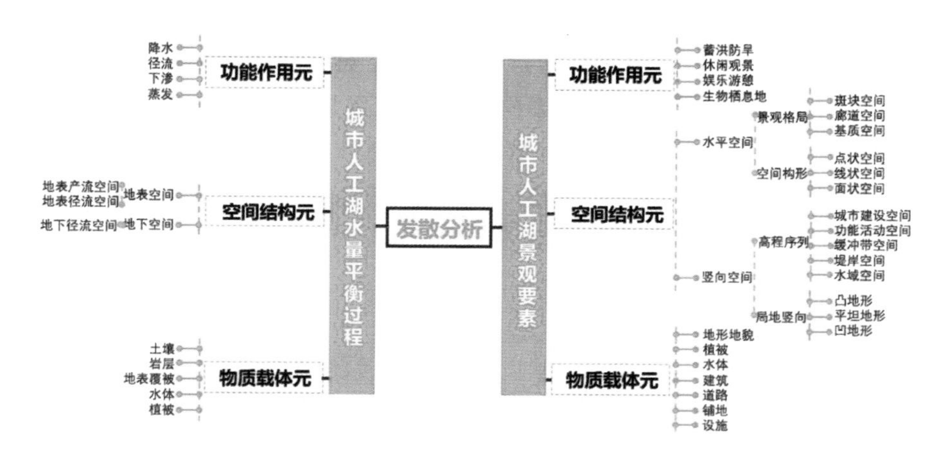

图 6-10　城市人工湖水文过程与景观系统发散树

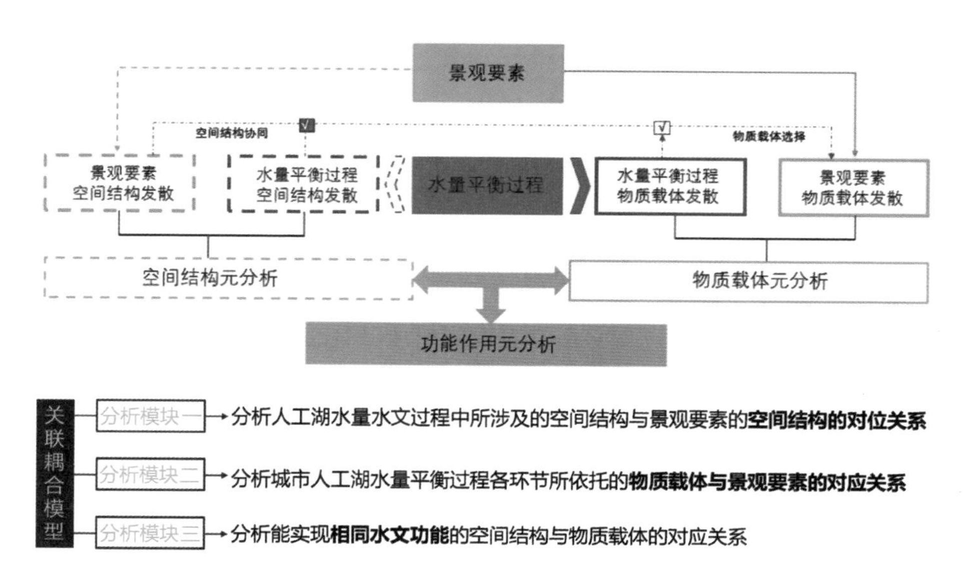

图 6-11　城市人工湖水文过程与景观系统关联分析

城市人工湖水文过程各环节的空间元特征，如城市人工湖水文过程所依托空间的空间分异特征、空间围合特征、空间形态特征等。其次分析了与水文过程各环节空间特征所对应的景观空间的基元特征，确立水文过程各环节

的空间表征可以与何种景观空间特征达成一致。建立发生水文过程的空间需求与景观空间特征的对应关系。分析模块二分析城市人工湖水量平衡过程各环节所依托的物质载体与景观要素的对应关系。分析模块三在首先达成的空间特征协同的基础上，分析水文过程的物质载体在特定的（与水文过程协同后）景观空间可行的呈现形式，从而厘清了依托景观系统，实现城市人工湖场地水文循环过程的复合系统空间特征与构成物质基本特征。

四、基于水文过程的城市人工湖水量保持景观生态设计方法

城市人工湖的水量保持是城市人工湖运行所面临的主要难点问题之一，是此次研究想要回答的核心问题。此次研究的主要途径是想建立与水文过程耦合的景观系统，以在一定程度上促进城市人工湖水量的保持。本节在水量平衡基础原理研究所得出的城市人工湖水量保持所需要达到的条件，与介入调控城市人工湖水量的具体要素的原理约束下，转化为前文所得出的景观系统与水文过程在空间、物质载体上的耦合模式，形成回答此次研究问题的初步答案——面向水量调控的城市人工湖水文景观系统生态设计方法，将从运用景观水文系统调控城市人工湖水量的原理研究切入，确定城市人工湖水文景观系统的设计方法与系统内涵，解析其能够参与城市人工湖水量调控的基本原理，从集水单元水文过程的视角出发，确定在不介入人工调度的情况下，约束城市人工湖水量平衡的主要原因，并提出具体策略，总结响应城市人工湖水量保持问题的景观设计内容、方法和技术支撑，并归纳形成可参考的规划设计工作框架。

城市人工湖的水文景观系统（图 6-12），是指根据城市人工湖水文循环过程和景观系统的耦合模式所形成的，在景观序列结构与实体物质呈现方面，与城市人工湖的水文循环过程空间界面保持动态一致的景观系统，可以理解为复合了城市人工湖水文循环需求的，具有稳定水文功能景观系统。

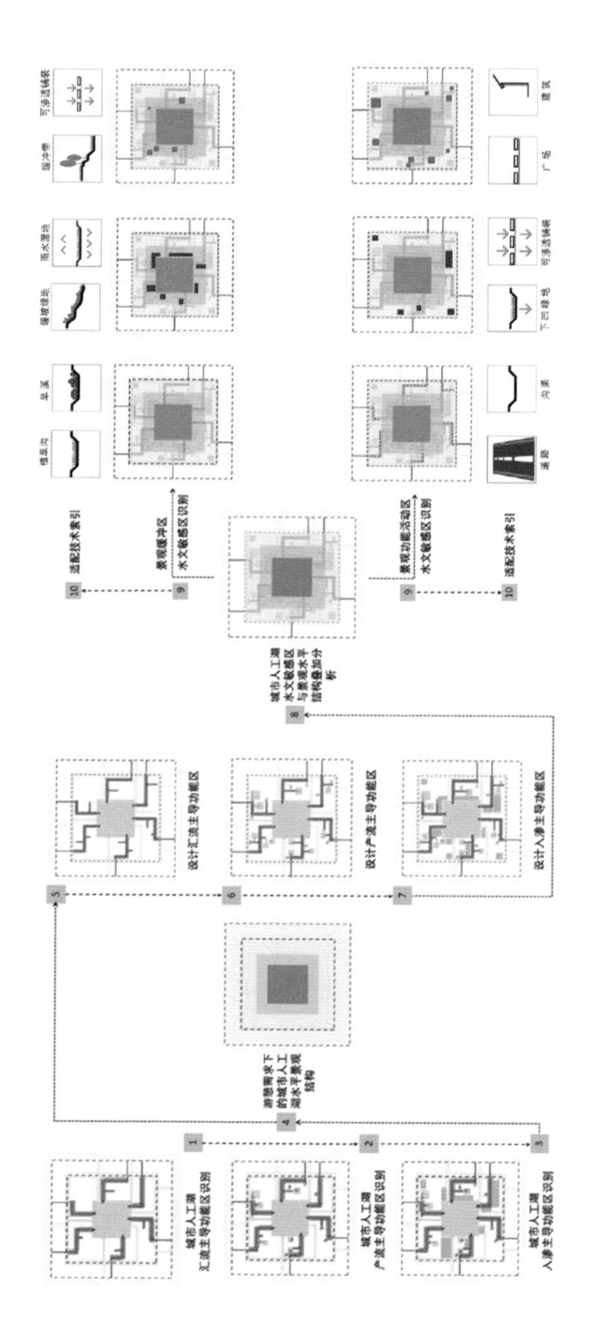

图 6-12 城市人工湖的水文景观系统

五、景观细部设计与水文管理技术设施配置

1. 城市人工湖水文过程空间边界区划

《园冶》中"相地"篇有云:"立基先究源头,疏源之去由,察水之来历。"城市人工湖水文景观系统设计首先需要研判城市人工湖水文循环过程的空间边界。该边界是由城市人工湖所在区域地形所决定的闭合地形单位,可以借助DEM地形模型、GIS汇水模块等定量分析软件,提取城市人工湖的集水单元地理空间边界。

2. 城市人工湖集水单元汇水通道识别

可以用定性经验判断、DEM数值模拟、GIS汇水分析等手法,基于城市人工湖区域地形条件,提取出城市人工湖集水单元汇水过程的空间通道。就此,以城市人工湖汇水通道空间的保护为导向,确立城市人工湖规划红线范围内的竖向结构骨架。

3. 城市人工湖汇水小区识别与边界区划

依据城市人工湖汇水通道的空间分布,分析支持汇水网络系统的构成,划分出城市人工湖汇水网络的子汇水系统等级,重点分析城市人工湖规划红线范围内各汇流通道的服务范围覆盖,划分出城市人工湖规划红线范围内的子汇水小区。

4. 水文过程主导功能区的识别

城市人工湖水文循环过程的降雨、径流、下渗、蒸发等环节所依托的空间与物质载体不尽相同,在本书前文已经进行了充分的论述。其中,径流过程与入渗过程和城市人工湖场地的关系较为密切,以对城市人工湖径流过程的保护为导向,可依据汇流空间的分布条件,分析出各子汇水区内的产流区域与产流汇集的汇流空间分布,辅助识别出城市人工湖场地的产流主导功能区与汇流主导功能区的空间分布情况。同时可以依据城市人工湖的地形条件与土壤覆被条件,继续研判出以入渗为主导的功能区分布,就此将城市人工湖的水文过程转译为场地的空间约束条件。

5. 与城市人工湖水平景观结构的叠加整合

按照景观生态的基本原理和受城市人工湖水体内聚性和空间形态衍生

性的影响，城市人工湖在水平维度上实现了“保育区—缓冲区—活动区”三级圈层结构，这是较为稳定的水平结构组织方式，有利于对城市人工湖湖泊生态系统进行保护。由此，将城市人工湖的水文空间约束条件和城市人工湖的三级水平结构进行叠加分析，推导在城市不同的人工空间与用地功能导向、城市人工湖水文过程保护的双重约束下，景观格局“斑块—廊道—基质”的不同单元在城市人工湖场地上的镶嵌水平与空间分异。

6. 城市人工湖的土地利用组织与空间布局

水文过程的空间约束决定了土地利用方式的空间导向，景观水平结构决定了道路、植被、建筑、铺地等要素在城市人工湖场地上的空间分布配置。二者为城市人工湖的土地利用组织方式和空间布局提供了一定的依据。

城市人工湖水面保育圈层内：以城市人工湖整体水面为主的蒸发主导功能区。

城市人工湖缓冲圈层内：汇流主导功能区可通过指向湖面的植被廊道、绿地植草沟、旱溪、自然式驳岸结构等景观要素呈现；产流主导功能区可以通过缓坡绿地、具有地形条件的植被群落予以呈现；入渗主导功能区可主要以基质型平坦绿地（垂向入渗）、湖岸带缓冲植被带（侧向入渗）的方式表达。

城市人工湖功能活动圈层内：汇流主导功能区主要可以通过与道路系统结合，与植被廊道结合的植草沟、生态排水沟等方式实现；产流主导功能区主要利用具有一定地形条件的缓坡草地、调整铺装广场的微地形、建构筑物截留收集屋面雨水等途径呈现，入渗主导功能区可以通过小型雨水湿地、应用透水铺地材料的活动功能区、平坦绿地基质等景观载体呈现。

7. 景观细部设计与水文管理技术设施配置

景观细部设计是对实现景观空间具体功能的设施、材质、装饰、植物、小品等景观技术设施的设计。在城市人工湖水文景观土地利用区划与空间结构组织的基础上，可以结合具体的水文管理技术设施，增强场地特定水文功能。根据城市人工湖水文过程的场地主导特性，可以将水文管理技术设施分为渗透技术设施、导流技术设施和存储技术设施三类进行具体索引。

第五节 设计方案

一、梦泽湖公园简介

梦泽湖公园规划(图 6-13)总用地面积为 53.32 公顷,规划水面面积为 21.98 公顷,占全园面积的 41.22%,总贮存水量约 43 万立方米。梦泽湖是武汉 CBD 面积最大的调蓄水体,承担王家墩南片地区 90 公顷范围的雨水调蓄任务,调蓄容积为 69500 立方米,常水位为 20.3 m,最高控制水位为 20.5 m,规划按±20 cm 控制调蓄水位差。

图 6-13 梦泽湖公园总平面图

二、现状分析

梦泽湖承担共 90 公顷汇水区内的雨水调蓄任务,其中包括湖面雨水、公园绿地以及市政管网汇水区。梦泽湖公园在降雨时的水文过程包括下渗、蒸发、滞留、储蓄、径流等。

降雨时,市政管网汇水区的雨水通过市政管网输送到湖内,公园绿地的雨水通过地表径流和管网输送到湖内,设置一个溢流口将超出最高水位的湖水排放到市政管网。在降雨强度较大时,市政管网汇水区内雨水也可能通过径流进入公园内部。蒸发过程发生在 90 公顷内的所有区域，下渗仅发生在可渗透的地面，径流发生在不可渗透地面，在降水强度超过可渗透地面的渗透能力时，也会产生径流，蓄水发生在有洼蓄量的地面（图 6-14）。

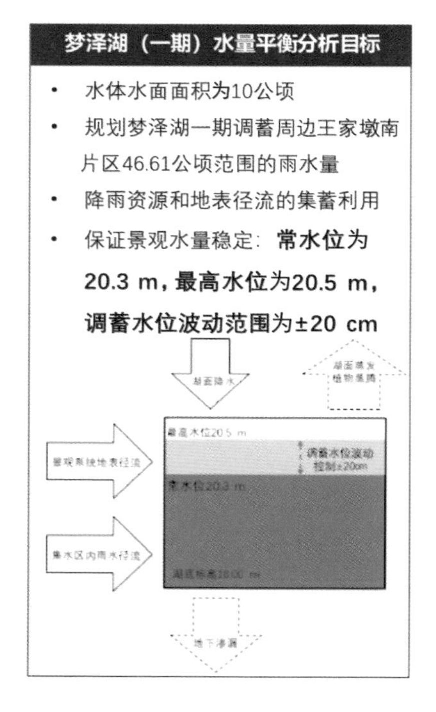

图 6-14　梦泽湖（一期）水量平衡分析

三、外部集水潜力分析

由用地分析知公园外部的道路和用地标高普遍高于园内，故该公园是周边场地的一个汇水点，结合市政雨水管网汇水规划给出的场地外部的汇水区域分布与市政雨水排水口，和现状外部空间结构（图 6-15），如硬质场地具备产流的潜力，建筑屋顶面具备建设绿色屋顶的潜力，道路两侧绿地具备建设植草沟的潜力等，综合分析辨别出周边集水单元边界与集水潜力状况（图 6-16）。

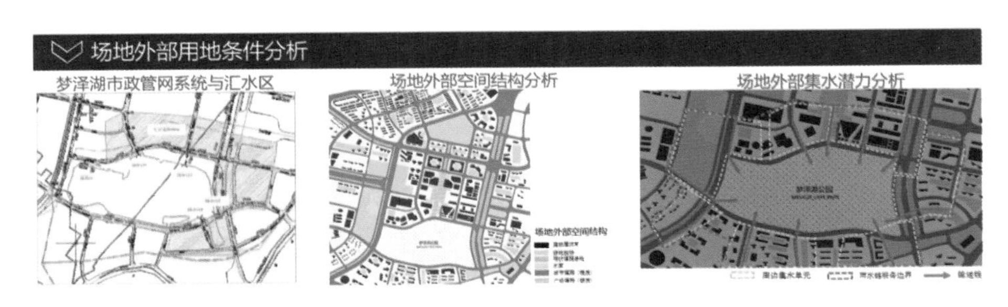

图 6-15　场地外部用地条件分析

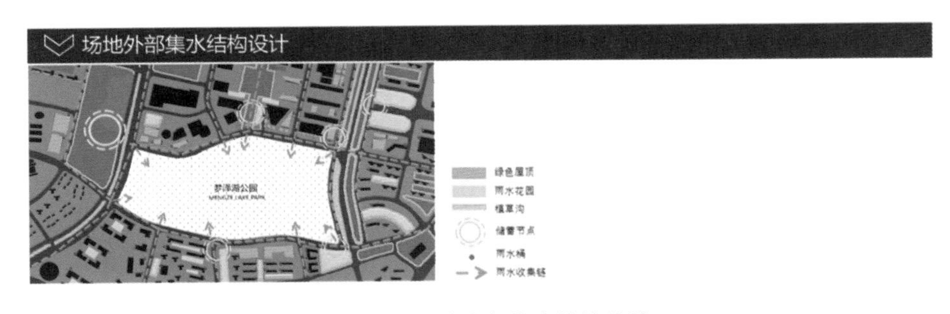

图 6-16　场地外部集水结构设计

四、内部集水潜力分

利用 GIS 软件对城市护坡汇水区域进行划分，划分城市湖泊汇水区的算法有很多，最常见的也是应用比较方便的是“八向法”(D8 算法)，即基于 ARCGIS 提取水文要素信息，完成对汇水区边界的划分。其基本原理为通过将中心栅格单元的 8 个领域栅格编码，然后计算中心栅格与领域网络的最大距离权落差，以确定流向。

在利用 D8 算法进行汇流方向分析后，计算每一个栅格处流过的水量以得到该栅格的汇流积累量，通过不断的模拟和实验，将汇流累积量的阈值确定为 5000，提取研究区域范围内的水系，也就是径流路线，并与场地现实水系做对比检验和修正，具体结果如图 6-17、图 6-18 所示。

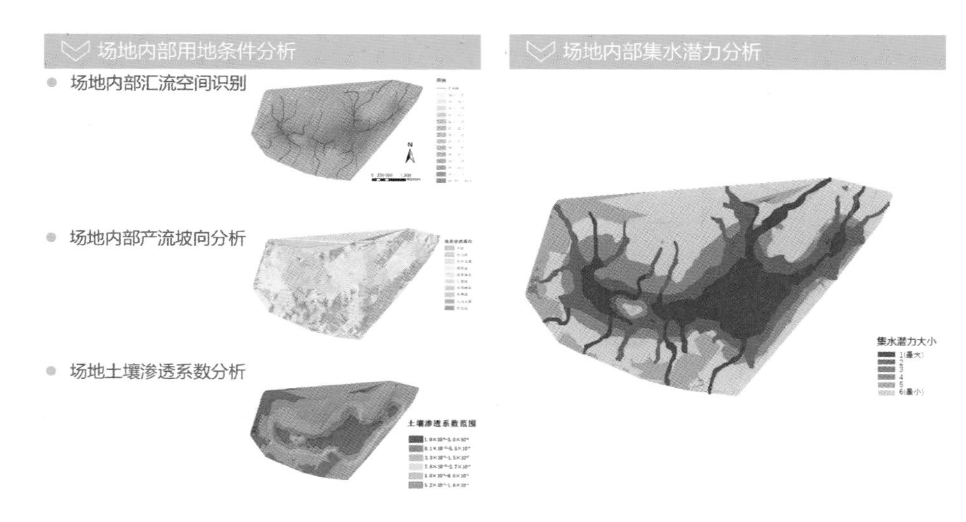

图 6-17　场地内部用地条件分析　　图 6-18　场地内部集水潜力分析

五、功能区识别

结合前期分析，确定梦泽湖公园内、外部集水单元的汇水过程，识别出产流、汇流、入渗和蒸发的主导功能区，并与公园三大景观结构（功能活动区、缓冲区和水面保育区）相互叠加，得出不同的景观设施布局，采用硬质铺装、道路和建筑等形成产流空间，蓄积雨水，再通过植草沟、下凹式种植池、下凹式绿地、生态洼地、旱溪水等对径流进行导流，而后径流将会在经过可渗透铺装、草阶、旱生花园、草地、山地、林地、湿地等设施时下渗，最终进入蒸发主导功能区——梦泽湖湖体。在水量不足的季节，通过外部地表径流补充水分，水量超标的季节则可通过溢流口排出，以此形成一处可以平衡水量的人工湖公园（图 6-19）。

在系统梳理集水设施的基础上，营造出开合有序的水面空间、疏密有致的林地空间以及丰富自然的驳岸空间，并以流畅的游线串联整个游览路线，亲水空间的布置更是为游人提供了与水为乐的机会。

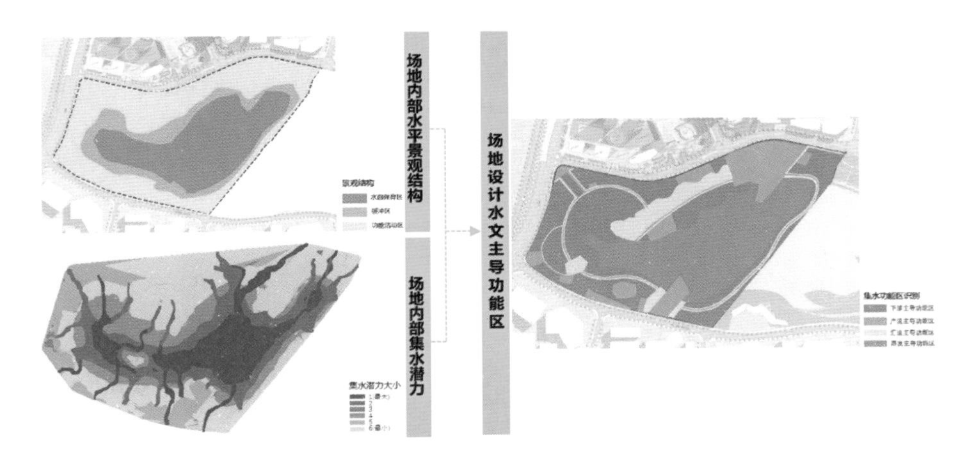

图 6-19　场地功能区识别

六、内部集水结构设计

基于内部集水潜力分析得出内部集水结构（图 6-20），确定了内部子汇水区的分布，集水线、产流区、下渗区以及地下径流流向与汇水节点的分布。

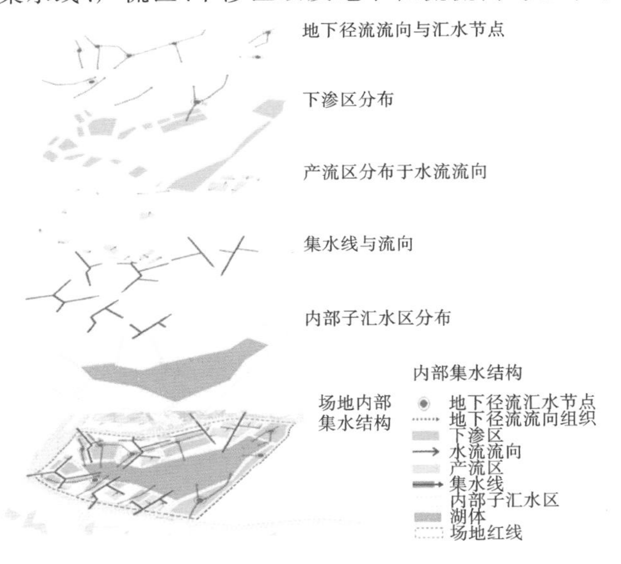

图 6-20　内部集水结构

在各子汇水区中，产流区的流水通过集水线汇入下渗区，渗透收集后，多余的水流成为地下径流，通过地下径流的流线组织，最终进入湖体，未下渗的雨水通过地表的植草沟、下凹式种植池等作为承接，最终导入湖体。

七、集水系统详细设计

地表集水系统详细设计如图 6-21 所示。

八、梦泽湖景观方案平面图

梦泽湖景观方案平面图如图 6-22 所示。

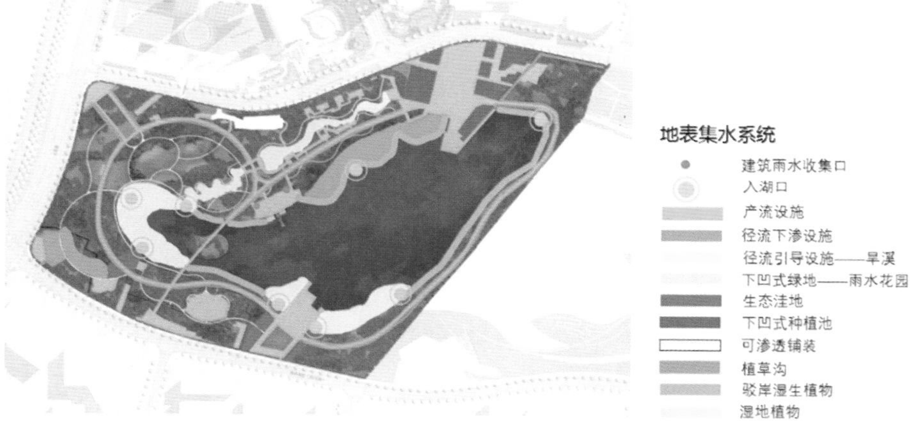

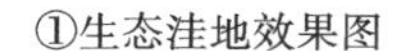
①生态洼地效果图

②可渗透铺装效果图

③雨水花园效果图

图 6-21　地表集水系统

图 6-22　梦泽湖景观方案平面图

第七章　湖北咸宁城市防洪排涝建设方案

设计团队接到该项目时，甲方要求的是对几个滨河空间进行景观设计，但经过设计团队对场地的调研和分析，认为应当从整个咸宁市的水生态系统出发，考虑综合防洪排涝，只有从宏观的视角进行总体布局，再对各个场地进行详细设计，才能更好地达到甲方的设计期望。

在设计之初，团队秉承构建绿色基础设施和“与洪水为友”的理念与原则，又根据场地的特质，在设计过程中特别注意了生态恢复、生态稳定性、可持续性、场地弹性这几个方面的要点，实现了景观规划设计在城市水生态基础设施建设中的协同作用，表现了景观设计对城市宏观策略的落实。

第一节　项目背景研究

城市发展方向：根据咸宁市构建合理的生态框架，建成具有滨江、滨湖特色生态之城的建设目标，统筹城市防洪排涝、确保城市用水安全、促进城市人水和谐、全面改善咸宁水生态系统成为咸宁市未来发展的必然要求。

现实问题：2016 年，咸宁市遭受了严重的洪涝灾害，并且在应对山溪洪水灾害方面表现乏力，中小河流的治理成为灾后针对水利薄弱环节的重点建设任务。

上位规划定位：整合防洪排涝工程建设和城市生态环境改善，以淦河流域建设为基础，建构城市水生态安全格局，充分发挥生态基础设施的雨洪调蓄功能，推进城市湿地修复建设，促进城市总体环境的改善。

第二节　项目总体设计

一、设计思路

通过构建城市防洪排涝安全格局与城市水生态安全格局来完成雨洪弹性管理和城市生态格局的优化，实现对山水城市文脉的延续。

城市防洪排涝安全格局：从防洪水库调蓄能力、恢复和拓宽过洪断面和调整改善河势三个方面建设防洪安全，从“高自泄”“低抽排”和“综合调”三个方面建设排涝布局。

城市水生态安全格局：构建防洪安全空间、生物栖息空间、文化遗产空间、视觉空间和游憩空间。

二、设计策略

构建咸宁市水生态基础设施总体网络后，对所选取的节点场地，针对雨洪调控进行定点和定量的分配，再综合场地所承担的社会、经济、生态功能，对其进行定性的认识，然后通过综合效益评估，进一步提出各场地的开发时序及设计方案。

1．定点分析

依据咸宁市水系基址条件，包括整片水域的地理区位、场地特征、城市发展状况和防洪措施等分析其水文、水势等制约因素（图 7-1），判定其生态脆弱性，确定场地所需雨洪调蓄工程的作用，如适应、消滞或减速等。然后依据水系基址条件的分析结论，确定咸宁市淦河水域上、中、下游适配的工程类型，如硬性强化工程：裁弯工程、筑堤与固堤工程、疏浚扩卡工程等；软性调节工程：雨洪调蓄生态湿地工程。由此确定为保障基本雨洪调蓄功能，各场地在咸宁市水生态基础设施网络建设中的具体功能。

2．定量分析

依据场地的地形、汇流量、植被分布等，分析所选节点场地的空间特质，

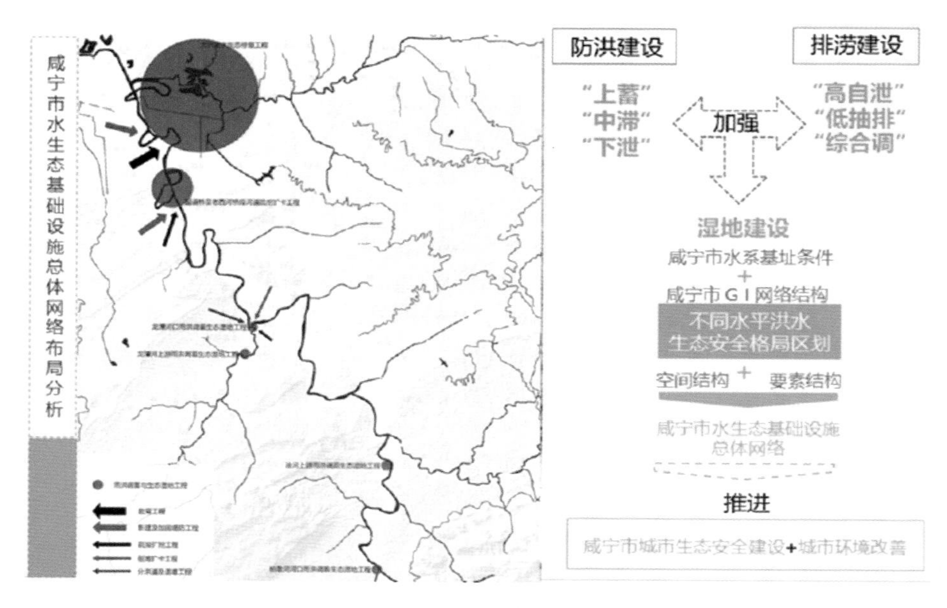

图 7-1　咸宁市水生态基础设施总体网络布局分析及定点设计

分析可承载场地雨洪调蓄功能的空间类型，如堤岸空间、缓冲带空间等，对雨洪调蓄潜力空间类型进行总结。然后分析节点场地不同空间类型占比，依据不同空间类型的调蓄能力，计算节点总体雨洪调蓄潜力（图 7-2）。最后通过对淦河流域水生态基础设施节点调蓄能力潜质的分析，实现对于流域整体雨洪调蓄任务的合理分配，完成对洪涝控制目标在不同空间的定量落实。

3. 定性分析

通过发挥场地各个节点的定点雨洪调蓄作用和定量的雨水调节量分配，结合场地活动和景观各方面的功能，得到了对每个场地的定性认识，如图 7-3 所示。

4. 综合效益评价及开发时序建议

通过对以下四个方面效益的综合评估，得到如图 7-4 及图 7-5 的结果。

①雨洪效益：通过城市防洪排涝建设方案的实施，增大城区雨洪调蓄湿地面积，较大程度上增强雨洪调蓄能力。

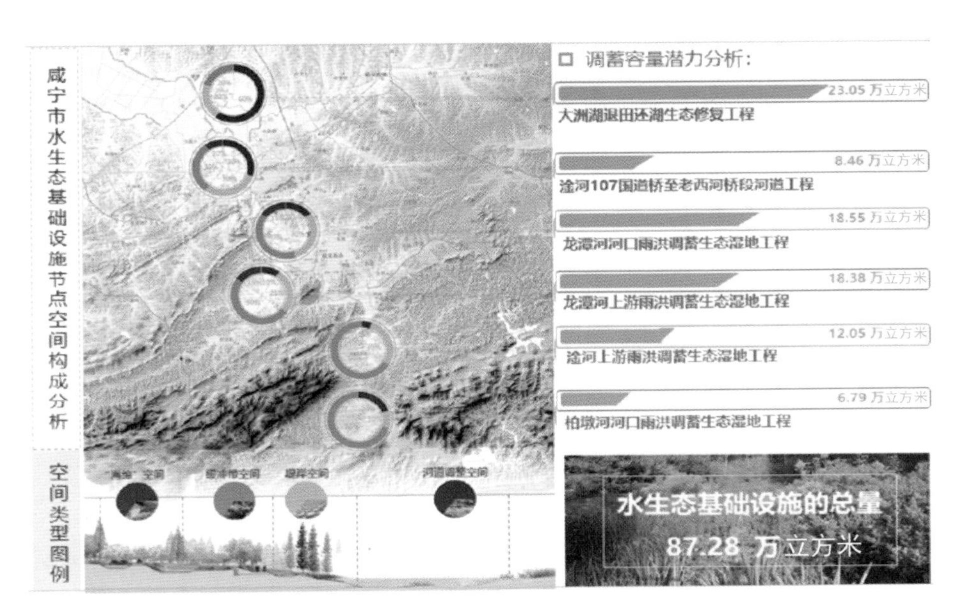

图 7-2　咸宁市水生态基础设施节点空间构成分析及定量分配

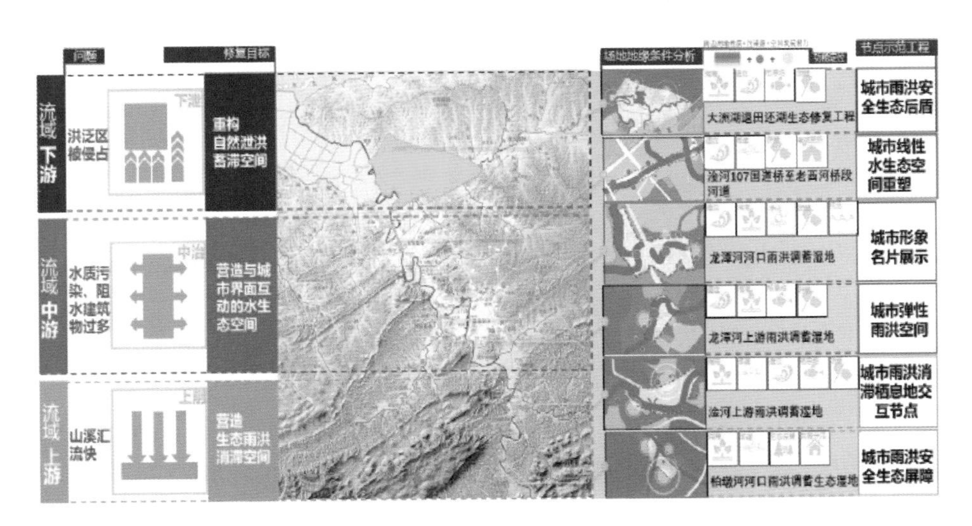

图 7-3　咸宁市水生态基础设施总体目标及定性认识

②经济效益：通过城市防洪排涝建设方案的实施，使主城区达到 50 年一遇防洪标准，达到 20 年一遇排涝标准，最大 24 小时暴雨 24 小时排干，将大

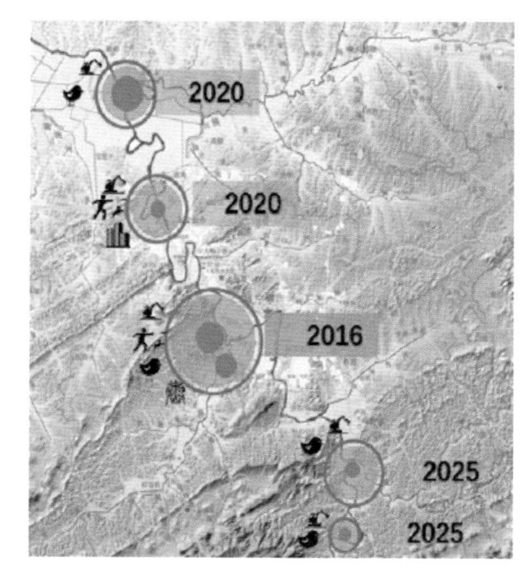

图 7-4　设计场地开发时序建议

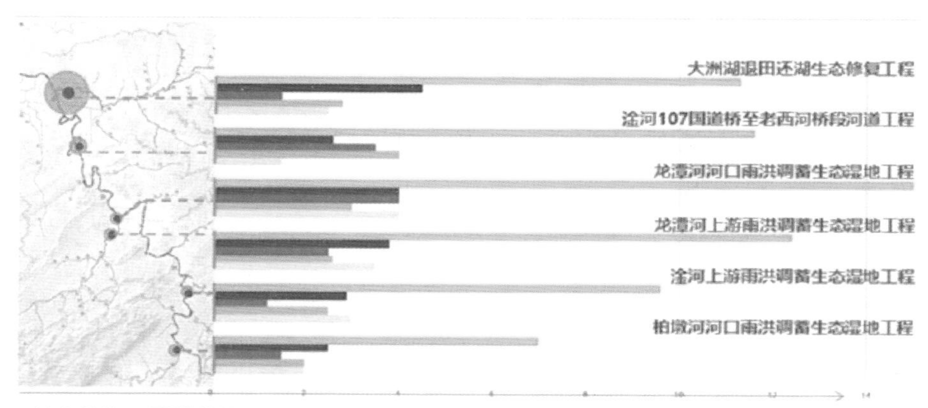

图 7-5　设计节点效益评估柱状图

大减少洪涝灾害损失，保障人民群众生命财产安全。

③文化效益：以湿地良好的生态环境和多样化的景观资源为基础，通过对湿地的科普宣教，弘扬湿地文化，对宣传美丽咸宁具有深远意义。

④生态效益：发挥水生态修复功能，提高水体的净化能力，相应减少防洪排涝、污水处理等工程投资和运行费用。

第三节　节点场地设计

一、柏墩河河口雨洪调蓄生态湿地工程

1. 上位定位

营造生态雨洪消滞空间，流域洪涝控制目标为6.79万立方米，预期成为流域上游生态保育空间、城市近郊优质景观空间和雨洪滞蓄洪峰削减空间。

2. 场地分析

基本信息：场地位于柏墩河、鸣泉河、淦河河口，为河漫滩湿地，场地水质较好，河滩重构空间潜力大(图7-6)。

图7-6　柏墩河河口场地位置图及现状图

场地问题：汇流量大，易形成洪峰；右岸空间狭窄，护坡坡度大；景观杂乱，部分堤岸破损；河道与农田交界，缺乏缓冲空间。

雨洪安全分析：分析常水位、行洪水位和灾害洪水位下的空间淹没范围，基于河口雨洪安全考虑划定场地弹性雨洪调蓄空间(图7-7)。

地缘条件分析：分析场地总体格局与周边用地功能类型，基于空间约束与优化潜质划定场地空间发展优化格局(图7-8)。

图 7-7　柏墩河河口雨洪安全分析

图 7-8　柏墩河河口地缘条件分析

3. 项目定位

城市上游“上滞”功能区内，具有雨洪调蓄、洪峰消滞、水质优化、景观审美等多样功能生态屏障空间。其功能包括以下方面：为雨洪提供滞留、消纳储蓄的弹性空间，降低三河汇流区域过洪峰值，延缓汇流速度，充分发挥流域上游水质保育功能，提供近郊区域生态作用节点与多样生境，营造优质景观视觉空间。

4. 设计策略

设计策略如图 7-9 所示。

缓冲带空间设计：依据雨洪安全格局要求，有效利用消极空间，分析植被习性与动物栖息规律，构建满足防洪需求的有复合功能的河岸缓冲带，确

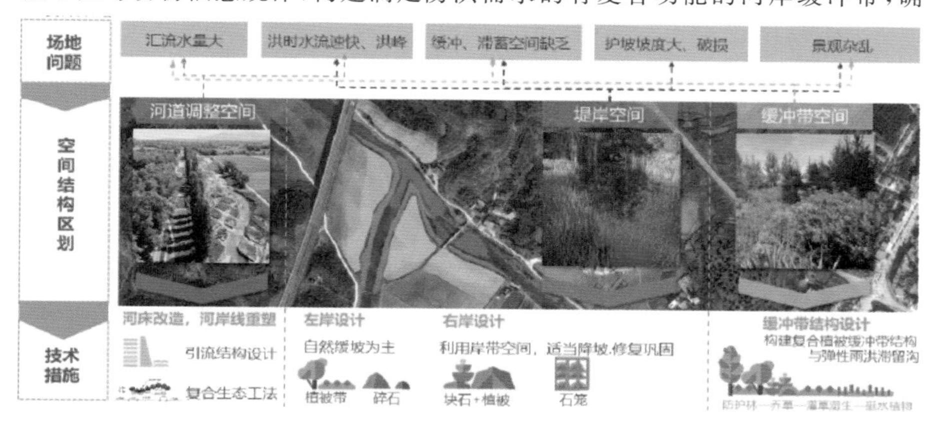

图 7-9　柏墩河河口设计策略

定缓冲带宽度、制订缓冲带植被结构方案、优化场地生态廊道格局、营造不同生境类型。

二、淦河上游雨洪调蓄生态湿地工程

1. 上位定位

营造雨洪消滞空间、栖息地交互节点，流域洪涝控制目标为 12.05 万立方米。

2. 场地分析

基本信息：场地位于淦河上游、王蕃水位站下游，为河漫滩湿地，水质较好，人工破坏小，植被繁茂，重构空间潜力大(图 7-10)。

图 7-10　淦河上游场地位置图及现状图

场地问题：水流流速较快，造成岸线水土流失；汛期涨水，河漫滩存在周期性淹水期；景观杂乱，观赏性差；周边农田存在面源污染。

3. 设计目标

雨洪调蓄——为上游创造洪水消滞空间，以削减洪峰、降低流速，为下游提供安全保障：通过创造丰富的植被垂直分层与水平分层，恢复植被与土壤，促进对洪水的滞蓄和利用；尽量依据河流自然流势创造生态堤岸，增加河道行洪断面，配合多样性丰富的植被，降低水流速度；与洪水为友，建立一个与洪水相适应的水弹性景观，应对水位变动，作可淹没设计。

栖息地营造。维护淦河上游湿地的生态保育作用，创造多样性的生态环境，提升上游屏障作用：顺应自然，创造曲折岸线为鱼类等生物提供适宜的栖息地；丰富植被结构与层次，为有不同树高要求的生物提供栖息地；游憩设施可适应洪水涨落变化，保证四季可用而不干扰自然。

游憩休闲。恢复原生栖息地的同时，提供游憩机会：通过雨洪调蓄保证场地对洪水的滞留功能，并使场地在适应不同水位变化的同时保证了游憩的安全。

4．设计策略（图 7-11）

生态修复策略。植物：防护林带、乔草防护带、灌草湿生带、挺水植物带、浮叶植物带、沉水植物带的配置模式；通过构建水生植物带抑制面源污染，同时借助植被缓冲带削减洪峰、降低流速，构建一条美丽的河漫滩景观。

生态修复策略。工程：以块石及植被设计左岸，以土工织物扁袋设计左

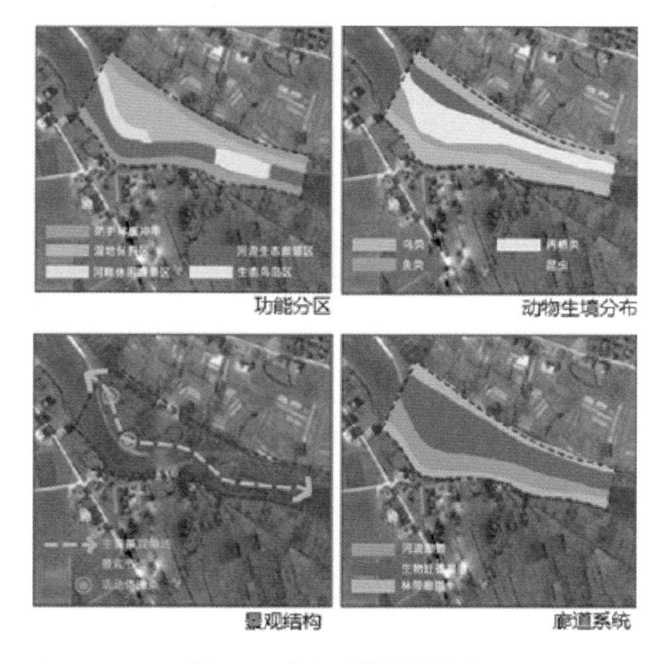

图 7-11　淦河上游设计策略

岸及右岸,以石笼垫设计右岸。

人类活动策略。游憩:设置高架游线和一处观鸟塔,以降低对自然的干扰,并保证游憩安全。

5. 设计愿景

通过对场地的分析与定位,进行初期设计预想。最终该区域将通过对雨洪的调蓄和栖息地的营造,造就一片芦笛荡漾的美丽湿地景观。

三、淦河107国道桥至老西河桥段河道疏挖工程

1. 场地分析

基本信息:场地位于淦河中游,为岸带湿地,与城市生活联系密切、岸带景观空间可塑性大、植被丰富。

场地问题:两岸为老城区,建筑杂乱无章,缺少人的活动空间;植物种植匮乏或种植过于紧密,景观效果差,河道内水质污染严重;岸带点、面源污染严重(图7-12)。

图7-12 淦河107国道至老西河桥段场地位置图及现状图

2. 项目定位

营造生态消纳、减速、适应的防洪堤岸空间;中游城市互动功能型生态湿地建设;解决水质污染和点、面源污染问题,辅以观赏、游憩的服务性

景观。

3. 设计策略(图 7-13)

行洪安全。对河道进行工程性拓宽、加高,满足行洪安全基本要求,并对滨水游憩的竖向空间进行弹性设计,以适应不同水位变化。

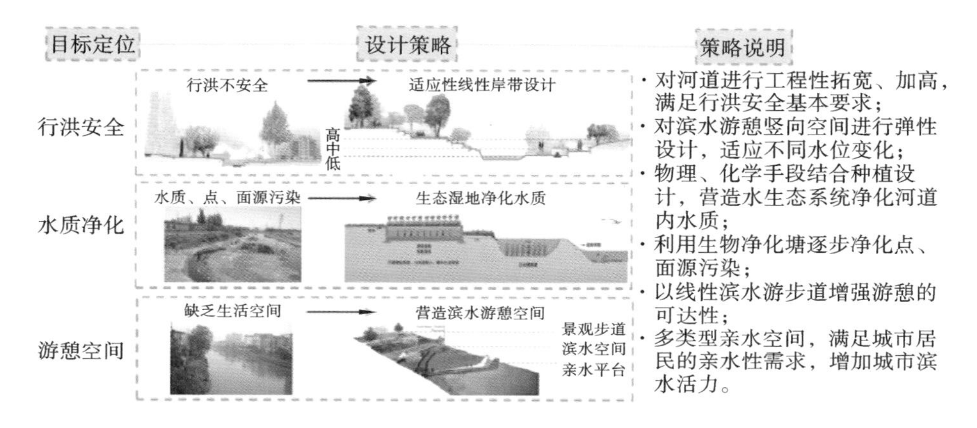

图 7-13 淦河 107 国道至老西河桥段设计策略

水质净化——物理、化学手段结合种植设计,营造水生态系统净化河道内水质,利用生物净化塘逐步净化点、面源污染。

游憩空间——以线性滨水游步道增强游憩的可达性,打造多类型亲水空间,满足城市居民的亲水性需求,增加城市滨水活力。

四、淦河咸宁阁风景区雨洪调蓄生态工程

1. 上位定位

打造城市名片,流域洪涝控制目标为 12.05 万立方米。

2. 场地分析(图 7-14)

基本信息:场地位于龙潭河与淦河交叉口,为河漫滩湿地,城市中心区依托周边景区协同发展(图 7-15)。

场地问题:水质差而浑浊,景观效果差;景观杂乱,观赏性差;垃圾污染水体,暴雨时路面冲刷量大;汛期涨水,河漫滩存在间歇周期性淹水期。

雨洪安全分析:分析常水位、行洪水位和灾害洪水位下的空间淹没范

图 7-14　淦河咸宁阁风景区场地位置图及现状图

围，基于景区雨洪安全考虑，划定上游弹性雨洪调蓄空间（图 7-16）。

地缘条件分析：分析场地水流情况与周边用地功能类型，基于生态提升与景观优化，圈定场地最优空间发展格局（图 7-17）。

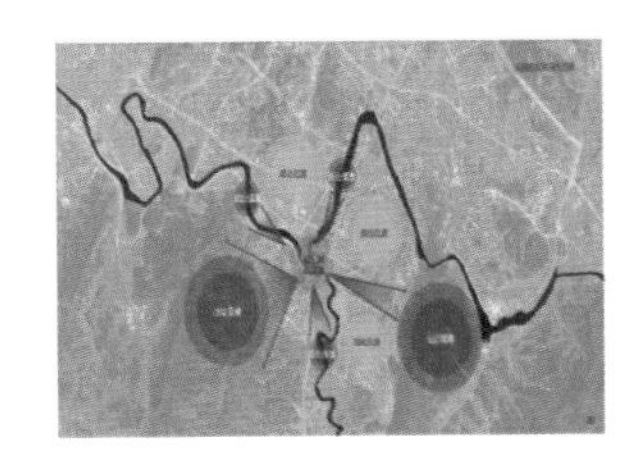

图 7-15　淦河咸宁阁风景区景观视线资源

图 7-16　淦河咸宁阁风景区雨洪安全分析

图 7-17　淦河咸宁阁风景区地缘条件分析

3. 项目定位

打造城市名片，在城市建成区“中滞”功能区内，建设具有雨洪调蓄、示范展示、水质优化、提供市民出行游憩地等多样功能的生态屏障空间。其功能包括以下五个方面：为雨洪提供滞留、消纳储蓄的弹性空间；与周边景区协同建设，展示咸宁城市魅力；充分发挥流域上游水质保育功能；为咸宁市民提供一处可游可赏的好去处；营造优质景观视觉空间。

4. 设计策略

设计策略如图 7-18 所示。

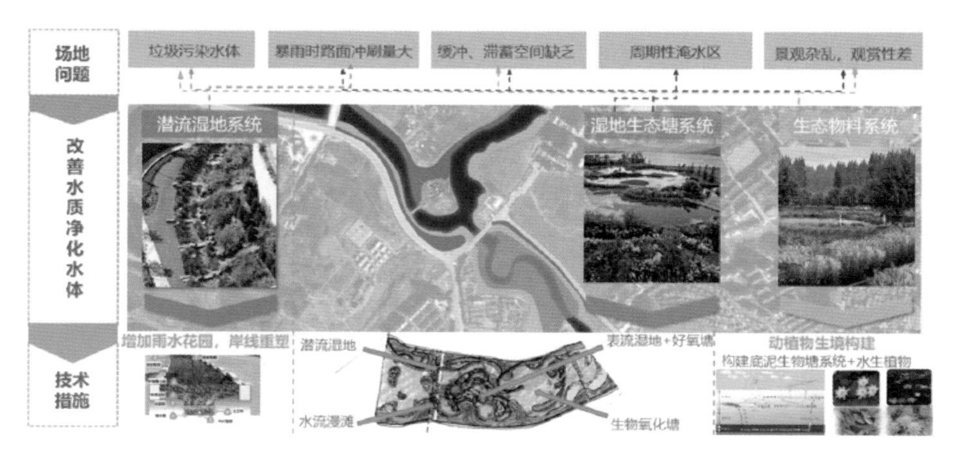

图 7-18　淦河咸宁阁风景区设计策略

五、龙潭河上游雨洪调蓄生态湿地工程

1. 上位定位

城市弹性雨洪空间，流域洪涝控制目标为18.38万立方米。

2. 场地分析

基本概况：场地位于龙潭河上游，为河漫滩湿地，人工建筑破坏小、场地较规整，周边为居住区和旅游区（图7-19）。

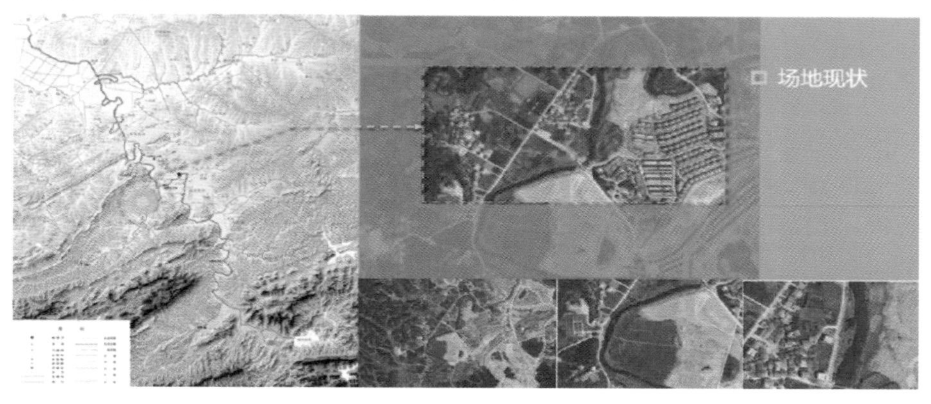

图 7-19　龙潭河上游场地位置图及场地现状图

场地问题：场地污染严重，水质较差；水流流速过快，造成雨水冲刷严重；景观杂乱，观赏性差；汛期涨水，河漫滩间歇周期性淹水；周边生活区的活动造成河水的面源污染。

3．项目定位及策略

城市弹性雨洪空间如图 7-20 所示。

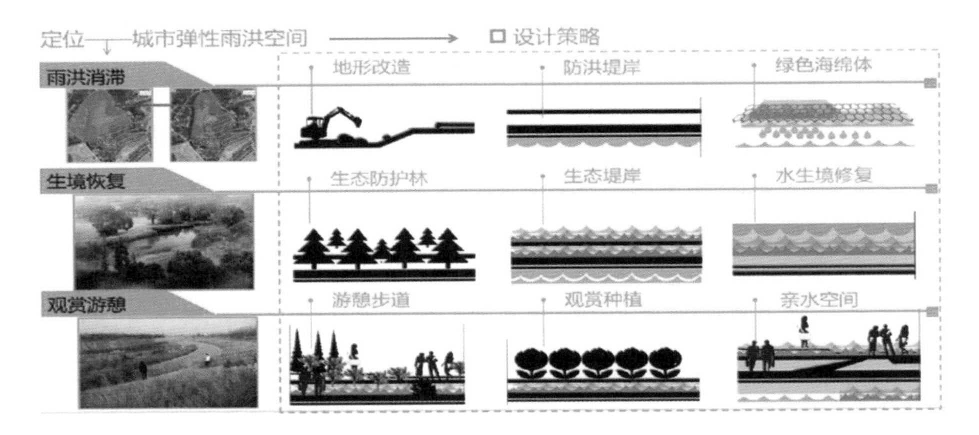

图 7-20　龙潭河上游设计策略

六、大洲湖退田还湖生态修复工程

1．上位定位

城市雨洪安全生态后盾，流域洪涝控制目标为重构自然泄洪蓄滞空间。

2．场地分析（图 7-21）

基本信息：位于淦河下游，临近斧头湖，为河漫滩湿地，具有一定自然景观，毗邻咸阳北站，具有优越区位条件。

场地问题：洪泛区被侵占；城市与斧头湖之间的水生态斑块被切断；周边农田存在面源污染；景观杂乱，观赏性差。

3．项目定位及策略

城市弹性雨洪空间如图 7-22 所示。

4．设计意向

通过重构自然泄洪蓄滞空间，将淦河下游的洪泛区归还自然，建立起城

图 7-21　大洲湖场地位置及现状图

图 7-22　大洲湖设计策略

市雨洪安全生态后盾，同时激活城市活力，使其成为连接咸宁与武汉的重要节点。

参 考 文 献

[1] 张谦益. 海港城市岸线利用规划若干问题探讨[J]. 城市规划,1998(2):50-52.

[2] 于东明,高翅,臧德奎. 滨海景观带园林植物的选择及应用研究——以山东省基岩海岸城市为例[J]. 中国园林,2003(7):77-79.

[3] 熊小菊,廖春贵,胡宝清. 广西海岸带旅游资源同质化问题研究[J]. 农村经济与科技,2018,29(9):103-105.

[4] 彭建,王仰麟. 我国沿海滩涂景观生态初步研究[J]. 地理研究,2000(9):249-256.

[5] 赵锦霞,黄沛,闫文文,等. 海岛海岸线保护规划初探——以青岛市海岛海岸线保护规划为例[J]. 海洋开发与管理,2016(11):84-87.

[6] 李光天,符文侠. 我国海岸侵蚀及其危害[J]. 海洋环境科学,1992,11(1): 53-57.

[7] 吴耀泉. 胶州湾沿岸开发对生物资源的影响[J]. 海洋环境科学,1999,18(2): 38-41.

[8] 于东明,高翅,张恒基. 城市滨海景观带可持续发展研究[J]. 山东建筑工程学院学报,2003(12):34-38.

[9] 索安宁,赵冬至,葛剑平. 景观生态学在近海资源环境中的应用. 生态学报[J]. 2009,9:5098-5103.

[10] 赵冬至,丛丕福,赵玲,等. 1998 年渤海赤潮动态过程研究[M]//赵冬至. 渤海赤潮灾害监测与评价研究文集. 北京: 海洋出版社,2000.

[11] 付元宾,杜宇,王权明,等. 自然海岸与人工海岸的界定方法(海洋环境科学)[J]. 2014(4):615-618.

[12] 陈健波,樊莉莉. 人工海岸地貌建设对海岸带空间资源与景观资源的影响研究——以宁波市 TM 遥感影像为例[J]. 金融经济,2013(4):107-109.

[13] 姜文超，龙腾锐. 水资源承载力理论在城市规划中的应用[J]. 工程规划，2003，27(7)：78-82.

[14] 姜勇. 城市空间拓展对湖泊水质影响及对策研究——以武汉市为例[J]. 城市规划，2018，42(6)：95-116.

[15] 程英，裴宗平. 湖泊污染特征及修复技术[J]. 现代农业科技，2008(2)：217-218.

[16] 姜加虎，王苏民. 长江流域水资源、灾害及水环境状况初步分析[J]. 第四纪研究，2004，24(5)：512-517.

[17] 喻晓娟. 基于 Landsat 影像的 1987—2016 年武汉市湖泊面积动态变化分析[D]. 上海：东华理工大学，2018.

[18] 杨桂山，马荣华，张路，等. 中国湖泊现状及面临的重大问题与保护策略[J]. 湖泊科学，2010，22(6)：799-810.

[19] 袁旸洋，朱辰昊，成玉宁. 城市湖泊景观水体形态定量研究[J]. 风景园林，2018，25(8)：80-85.

[20] 张欢. 近十年武汉市中心城区湖泊生态环境演变[D]. 武汉：华中师范大学，2012.

[21] 诺伯舒兹. 场所精神：迈向建筑现象学[M]. 武汉：华中科技大学出版社，2010.

[22] 孙一鹤，王颖. 有生命的防波堤——纽约沿海绿色基础设施[J]. 景观设计学，2017(4)：96-109.

[23] 纪道斌，何金艳，崔玉洁. 基于多视角的城市滨水景观研究进展[J]. 中国水利，2018(15)：48-51.

[24] 张刚. 以文化为导向的滨水区城市设计策略研究[D]. 北京：北京建筑大学，2018.

[25] 周艳妮，尹海伟. 国外绿色基础设施规划的理论与实践[J]. 城市发展研究，2010，17(8)：87-93.

[26] 应君，张青萍，王末顺，等. 城市绿色基础设施及其体系构建[J]. 浙江农林大学学报，2011，28(5)：805-809.

[27] 雷艳华. 低成本景观设计初探[J]. 中国园艺文摘，2013，29(8)：137-139.

[28] 胡桥,黄建云. 基于“城市经营”的滨水区规划与策划研究——以百里柳江游览区规划为例[J]. 规划师,2010,26(5):40-43.

[29] 韩晶. 伦敦金丝雀码头城市设计[J]. 世界建筑导报,2007(2):100-105.

[30] 郭美锋. 一种有效推动我国风景园林规划设计的方法——公众参与[J]. 中国园林,2004(1):81-83.

[31] 匡纬.“人机交互技术”支持下的“动态”景观设计未来[J]. 风景园林,2016(2):14-19.

[32] 邬建国. 景观生态学——格局、过程、尺度与等级[M]. 2 版. 北京:高等教育出版社,2007.

[33] 张曦. 基于景观生态学的重庆主城区滨江地带城市设计研究[D]. 重庆:重庆大学,2010.

[34] 俞孔坚,李迪华. 可持续景观[J]. 城市环境设计,2007,(1):7-12.

[35] 王胜永,张天颖,李彤彤,等. 浅析生态基础设施与绿色基础设施的共生与发展[J]. 山东林业科技,2018,48(4):114-116.

[36] 蔡云楠,温钊鹏,雷明洋.“海绵城市”视角下绿色基础设施体系构建与规划策略[J]. 规划师,2016,32(12):12-18.

[37] 贺炜,刘滨谊. 有关绿色基础设施几个问题的重思[J]. 中国园林,2011,27(1):88-92.

[38] 雷艳华. 低成本景观设计初探[J]. 中国园艺文摘,2013,29(8):137-139.

[39] 魏娜. 西安市城市绿地低成本景观设计研究初探[D]. 西安:西安建筑科技大学,2016.

[40] 王迪. 社区景观完善中公众参与环节的设计[D]. 南京:南京林业大学,2013.

[41] 唐军. 从功能理性到公众参与——西方现代景观规划设计的社会脚印[J]. 规划师,2001(4):101-104.

[42] 章俊华. 环境设计的趋势——“公众参与”[J]. 中国园林,2000(1):34-35.

[43] 张哲,周艺. 系统观下的“阶梯理论”——城乡规划中公众参与特征解

读[J]. 华中建筑,2015,33(11):22-25.

[44] 张辉. 美国环境公众参与理论及其对中国的启示[J]. 现代法学,2015,37(4):148-156.

[45] 王迪,丁山."公众参与"景观设计实践与启示[J]. 中外建筑,2013(10):104-106.

[46] 陈煊. 公众参与在现代景观中的实践——以西雅图滨水地区景观设计为例[J]. 中外建筑,2005(4):78-81.

[47] 干哲新. 浅谈水滨开发的几个问题[J]. 城市规划,1998(2):42-45.

[48] 张京祥,易千枫,项志远. 对经营型城市更新的反思[J]. 现代城市研究,2011,26(1):7-11.

[49] 段晓丽. 景观设计中文化主题的挖掘及表达研究[D]. 西安:西安建筑科技大学,2016.

[50] 周燕,冉玲于,荀翡翠,等. 基于数值模拟的湖库型景观水体生态设计方法研究——以 MIKE 21 模型在大官塘水库规划方案中的应用为例[J]. 中国园林,2018:123-128.

[51] 荀翡翠,周燕. 近郊型河流景观的生态修复——以德国德莱萨姆河为例[J]. 中国园林, 2018(8):33-38.

[52] 荀翡翠,王雪原,田亮,等. 郊野湖泊型湿地水环境修复与保育策略研究——以荆州崇湖湿地公园规划为例[J]. 中国园林, 2019, 35(4):107-111.

[53] 冉玲于,荀翡翠,王雪原,等. 雨洪调蓄视角下的城市人工湖水量平衡景观设计方法研究[J]. 风景园林, 2019, 26(3):75-80.

[54] 陈佳欣,冉玲于,周燕. 雨水调蓄区的识别及其在城市规划中的应用——以武汉市大东湖片区为例[C]// 2019 城市发展与规划论文集. 2019.

[55] 冉玲于,周燕. 可拓学辅助景观分析与方案生成的应用方法研究——以咸宁市淦河滨河空间景观优化策略生成过程为例[C]//2018 中国城市规划年会. 2018.

[56] 王雪原,周燕,禹佳宁,等. 基于水文过程的城市湖泊雨水利用系统的构建方法研究——以武汉梦泽湖为例[J]. 园林,2020(1):70-76.

[57] 王雪原，周燕. 响应城市内涝的规划理论与实践经验的综述与评述[C]//2019 城市发展与规划论文集. 2019.

[58] 田亮，周燕. 规划视角下的郊野型湖泊湿地水环境特征研究[J]. 园林，2019，324(4)：33-38.

图片来源

[1] 孙一鹤. 上海市苏州河两岸城市设计[J]. 景观设计学，2017(5)：110-121.

[2] 孙一鹤. 有生命的防波堤——纽约沿海绿色基础设施[J]. 景观设计学，2017(5)：97-109.

[3] 土人设计. 秦皇岛汤河公园[EB/OL]. (2018-07-05)[2020-07-02]. https://www.turenscape.com/project/detail/4666.html.

[4] 土人设计. 黄岩江北公园[EB/OL]. (2018-07-10)[2020-07-02]. https://www.turenscape.com/project/detail/4739.html.

[5] 2016ASLA 全美景观设计年度奖：衢州鹿鸣公园/土人设计[EB/OL]. (2016-09-07)[2020-07-02]. https://www.gooood.cn/2016asla-quzhou-luming-park.htm.

[6] 2016 ASLA 分析及规划类荣誉奖：休斯顿河湾绿道系统规划/SWA Group [EB/OL]. (2017-03-01)[2020-07-02] . https://www.gooood.cn/2016-asla-honor-award-analysis-planning-bayou-greenways-realizing-the-vision-by-swa-group.htm.

[7] ASLA 专业奖——纽约布鲁克林区郭瓦纳斯运河海绵公园[EB/OL]. (2012-09-05)[2020-07-02]. http://blog.sina.com.cn/s/blog_458a347f01017erc.html.

[8] 土人设计. 宜昌运河公园[EB/OL]. (2018-07-05)[2020-07-02]. https://www.turenscape.com/project/detail/4662.html.

[9] 建筑学报. 弹性景观——金华燕尾洲公园设计[EB/OL]. (2015-05-13)[2020-07-02]. https://www.turenscape.com/news/detail/1699.html.

[10] Living Breakwaters：Design and Implementation[EB/OL]. [2020-07-02]. https://www.scapestudio.com/projects/living-breakwaters-design-implementation/.

[11] Living Breakwaters[EB/OL]. [2020-07-02]. https://www.bfi.org/ideaindex/projects/2014/living-breakwaters.

[12] 王加伟. 土人理想——绿林中的红飘带·秦皇岛汤河两岸带状公园景观规划设计[EB/OL]. (2014-01-23)[2020-07-02]. http://blog.sina.com.cn/s/blog_8c52a64d0101k4z1.html.

[13] 上海世博文化公园:http://www.sasaki.com/project/438/shanghai-expo-cultural-park/.

[14] 南太湖规划设计:http://www.sasaki.com/project/352/south-taihu-lake/.

[15] 新加坡碧山宏茂桥公园:https://www.gooood.cn/2016-asla-bishan-ang-mo-kio-park-by-ramboll-studio-dreiseitl.htm.

[16] 秦皇岛汤河公园:https://www.turenscape.com/project/detail/4666.html.

[17] 蛇口长廊:http://www.swagroup.com/projects/shekou-promenade/.

[18] Camp Mare 港口城市更新:https://www.gooood.cn/urban-regeneration-of-camp-mare-by-henn.htm.

[19] 临港二环带公园:http://www.sasaki.com/project/444/lingang-ring-park/.

[20] 迁安三里河生态廊道:https://www.turenscape.com/project/detail/4558.html.

[21] 米尔河:https://www.asla.org/2015awards/95842.html.

[22] 巴吞鲁日湖:https://www.asla.org/2016awards/172896.html.

[23] 威拉米特瀑布:https://www.asla.org/2018awards/450582-Willamette_Falls_Riverwalk.html.

[24] 桥园:https://www.turenscape.com/project/detail/339.html.

[25] 微山湿地公园:https://www.asla.org/2015awards/96363.html.

[26] 群力湿地公园:https://www.turenscape.com/project/detail/435.html.

[27] 翠娜提河:https://www.asla.org/2009awards/632.html.

[28] 特拉华河:https://www.asla.org/2009awards/564.html.

致　　谢

本书得以完成，首先要感谢团队诸多硕士研究生与本科生辛勤的付出，他们分别是王雪原、苟翡翠、田亮、刘雅婧、杨石琳、李鹏程、张棋、黄丽娴。也要感谢这些年参与每一次科研工作的老师与同学们，你们在工作、学习中的讨论与思考为本书主要内容的提炼具有巨大的参考价值。最后，非常感谢华中科技大学出版社对本书的出版所给出的诚挚建议与编辑工作。

周燕

武汉大学城乡规划学系

珞珈生态景观研究中心

2020.5

joyeezhou@whu.edu.cn